JN094071

コア講義 生物学

（改訂版）

田村隆明 著

裳 華 房

Essentials of Biology

revised edition

by

Taka-aki TAMURA

SHOKABO

TOKYO

初版まえがき

中学校や高等学校で生物学を学び，次の学習ステップに進もうとする諸君に本書「コア講義 生物学」を贈る．

生物学は高等学校までは物理学，化学，地学とともに，理科の中の一つの領域として教えられているが，生物学はそのなかでも特に興味を引き付ける教科となっている．われわれの身の回りにはイヌやネコといったペットや，公園で見られる草木や虫，そして目では見えない小さな生物まで実に多様な生き物があり，こうした事実が，生物学が身近な対象になる一つの要因となっている．しかしもっと大きな要因は，われわれ自身が生物であるという事実であろう．人は誰しも自分自身について多くのことを知りたいと思い，また病気になったり生死に遭遇した時に「生物とは何か」や，「生きていることとはどのようなことか」などについて考える．

19 世紀から 20 世紀までは物理学，そして化学の時代であった．しかし地球温暖化に伴う生態系の破壊や食糧問題，クローン生物の作出や生命の人為操作といった事柄が現実のものとなっている今，21 世紀は生物学の時代になると予感される．このように，生物学はその必要性が高まり，生活の一部にもなっているが，私達が生物や生物学を常に正しく見ているかといえば，必ずしもそうではない．正しい理解のためには充分な知識と的確な判断が必要である．高校生までの勉強で，生物学の基礎となる知識はある程度蓄積はしているが，実はその意義や現象の奥にあるメカニズムについてはほとんど教えられてこなかった．高等教育を修めようとする諸君にとって，生物学を再度学ぶ意義がここにある．本書は大学の教養課程（普遍教育，基礎課程）やそれに相当するレベルで生物学を勉強しようとする学生を対象にした教科書である．本書は高等学校で扱っている生物学の中身をほぼカバーしている．内容の約半分は高校生物の復習であるが，残りは高等学校では教えない新しい内容，あるいは突っ込んだ内容となっている．このため，本書は高校生物の復習に役立つのはもちろんのこと，それを踏まえて無理なく発展的内容に進むための格好の 1 冊となっている．

「コア講義」を書名に冠した教科書の特徴は，学ぶ内容を学校で行う講義の回数 15（あるいは 30）に区分して配置している点にあり，本書においても広い範囲を扱う現代生物学が 14 章に分割・配置されている（注：あと 1 回分は期末テスト用）．さらに本シリーズは特定領域に特化するという作りではなく，コンパクトな記述を行うことにより，制限されたページ内に広い範囲の項目を普遍的に盛り込むというコンセプトで編集されている．本書の最初の 2 章では生物学の骨格をおさえる目的で，まず分類や遺伝について学ぶ．3章から7章までは分子や細胞といったミクロレベルの生物学を扱い，細胞生物学，分子生物学，発生生物学，そして生化学（生物学分野の化学）に関する内容を配した．次に生物個体～集団を対象にするマクロレベルの生物学を配し，動物生理学（器官の働き，個体レベルの統御，生体防御），植物生理学，生態学（生物の行動と集団の働き），進化・系統について説明し，最後は生物学に関する技術やその応用について述べている．専門的な内容や用語に関しては「解説」で説明を行い，さらに話題性のある内容や，生物学で重要とされている事象の説明は，コラムとして紹介した．各章の章末には演習問題を設けているので，習熟度をその都度チェックすることができる．本書では生物学を専攻する学生が学ぶような高度な内容は省いているが，その中でも是非知って欲しいと思うものについては，関連する章末に「発展学習」として紹介した．

広い範囲の生物学を系統的かつコンパクトに学べるようにと本書を作成したが，本書が生物学を学ぼうという学生諸君の一助となれば，作り手としてはこれ以上の喜びはない．最後に本書の作成にあたって尽力いただいた裳華房の筒井清美，野田昌宏の両氏に，この場を借りてお礼申し上げます．

平成20年8月

蝉時雨響く西千葉の杜の一室で

田村隆明

改訂版 まえがき

本書「コア講義 生物学」の初版が世に出たのは14年前のことであった．この間，日本人が関わったノーベル賞テーマがいくつも出るなど，生物学は大きく進展してきたが，それに伴って本書の時代遅れ感が増してきたため，この度思いきって内容を一新することにした．改訂では定評のあった旧版全体の構成と内容は踏襲しつつ，各章に新規の話題を盛り込み，より正確で読みやすい記述に改めた．14章のバイオ技術ではゲノム編集や核酸ワクチンといった最新のバイオ技術を盛り込み，初版以上に充実した一冊になったのではと自負している．末筆ながら，本書出版を初版から一貫して支援していただいた裳華房の野田昌宏氏にこの場を借りてお礼申しあげたい．

令和4年7月

COVID-19の完全終息を願いつつ

田村隆明

目　次

解 説

Column

イラスト スタジオ杉（一部のイラストは真興社）

現代生物学が生まれるまで

生物学を学ぶ前に，**生物学**(biology)がどのようにできてきたかを，歴史をたどりながら説明しよう．アリストテレスの時代（ギリシャ時代），生物学はまず生物にはどのような種類のものがあるかを観察し（**博物学**(natural history)），それらを分類する（**分類学**(taxonomy)）ことから始まった．分類は，最初は形態を基準に行われていたが，やがて解剖学的特徴（例：骨格のつくり）や生殖方法（＝増え方）も取り入れられた．現在では遺伝子や分子の構造が分類の重要な基準となっている．生物あるいは生命をどう捉えるかについては，宗教上の理由により長い間 誤った解釈がなされてきた．中世まで，生物は神の創造物であると信じられ，さらにヒトは別格に扱われていた．現存生物が進化の産物であることは，今では誰でも知っていることだが，当時は生命の始まりからヘビはヘビ，カエルはカエルであったとされていた．しかしこの考え方は，19 世紀半ばにダーウィンなどによる**進化論**(theory of evolution)が生まれてから次第に変わることになる．

生物(organism)は何か特別な存在という意識が現在でもあるが，それは“命がある＝生きている”という，どこか神秘的な現象とかかわりがある．古くは，生

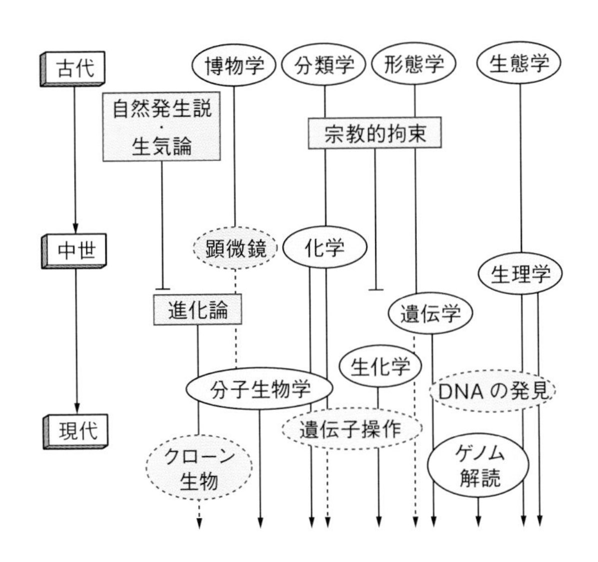

図 1　近代生物学誕生までの道のり

物の中に「生気（エーテル）」があり，それが生命活動の源であり，生物を構成する物質は生気の力によってつくられると信じられていた（**生気論** vitalism）．また「生物は自然に発生するもの」と思われており，驚くべきことにウジ（ハエの幼虫）やネズミの調合法を書いた書物まであった．しかしこの**自然発生説** spontaneous generation も 19 世紀の半ば，パスツールにより完全に否定されることになる．17 世紀，デカルトは「生物は精巧な機械である」という**機械論** mechanism を提唱した．生気論を否定したわけではなかったが，この考え方は近代生物学が進む方向性を示したという点で意義深く，19 世紀には生物を物として客観的に捉えようとする空気が広まってきた．現在では，「生物は多くのパーツからできており，それらが途方もなく複雑な相互作用をすることでつくられる」という考え方に疑いをはさむ人はほとんどない．ただ複雑さはあるものの，生物でみられる現象のすべては物理学の法則に従っている．

生物学の領域と本書の構成

生物の何に注目するかにより，生物学を複数の領域に分けることができるが，重要な分類基準の一つに対象とするものの大きさがある．本書での平均的な大きさのレベルは個体を対象とする生物学で，生物がいかに生理機能（体の維持や調節）を調和させながら生きているかに注目する．個体より小さな（＝顕微鏡レベル以下）細胞や分子を対象とするものはミクロの生物学に属し，他方，生物個体の時間的（遺伝や進化など），空間的（行動，分布，相互作用など）変化や動態に注目する領域はマクロの生物学に属する．本書では生物学のトピックスを主にこの四つのカテゴリーに分けて各章に配置した．まず 1 章（**分類学**，**形態学** morphology）と 2 章（**遺伝学** genetics）ではマクロレベルの二つの分野を通して生物とはどのようなものかというその骨格を学び，3 ～ 7 章ではミクロな領域を扱う．3 章では細胞とそこに含まれる物質について（**細胞生物学** cell biology），4 章では細胞の中で起こっている化学変化を対象にする**生化学** biochemistry について述べ，5 章では細胞の増殖「細胞生物学」と遺伝子の複製（**分子生物学** molecular biology）を，6 章ではやはり分子生物学の主要領域である遺伝子発現を取り上げ，7 章では多細胞生物個体が誕生するまでの過程をカバーする**発生学** embryology を扱う（→ミクロと個体の中間）．8 ～ 11 章は個体レベルの生物学で，

8～9章には動物の**生理学** physiology（組織／器官の構造を扱う**解剖学** anatomy を含む）を配置し，10章にはその応用として**免疫学** immunology と**微生物学** microbiology を加えた．11章では植物に関する様々な事柄を学ぶ．マクロな生物学として，12章で**生態学** ecology，13章で**進化** evolution と**系統学** phylogenetics を取り上げた．14章では生物学の応用分野の一つとして，私達の生活と深いかかわりをもつ**バイオテクノロジー** biotechnology について述べている．生物学は医学，薬学，農学といった応用を目的にした学問の基礎となっており，関連技術も含めて私達の暮らしの中に深く入り込んでいる．

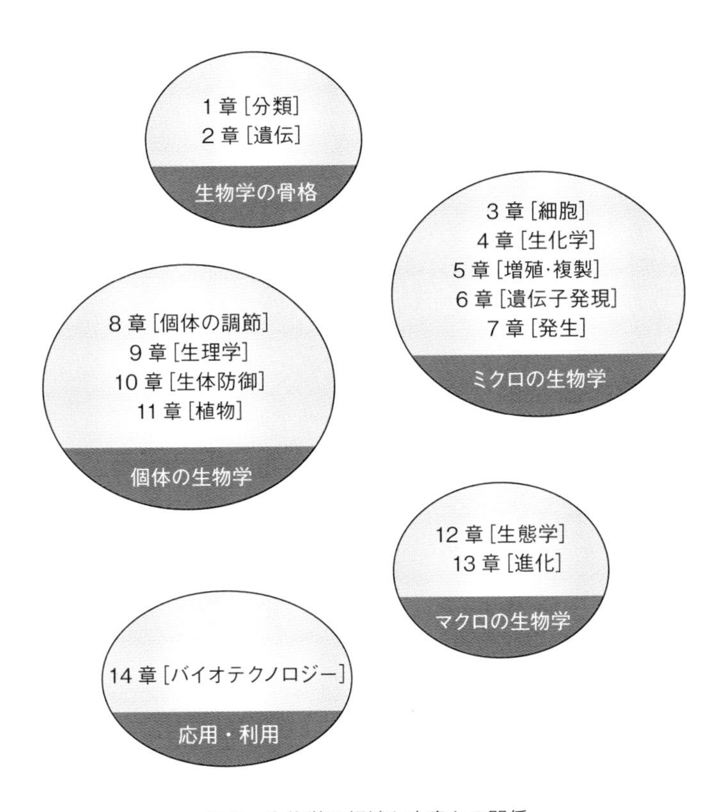

図2　生物学の領域と本書との関係

1 生物の種類

生物分類の最小単位を種(しゅ)というが，地球上には非常に多くの生物種が存在する．五界説という一般的な生物分類法では，生物を原核生物，原生生物，菌類，植物，動物に分ける．また，生物を核（膜）がある真核生物とない原核生物に大別し，その上で後者を真正細菌と古細菌に分ける３ドメイン説という分類法があるが，この方法は遺伝子の構造，機能，発現様式に注目する分子生物学における標準的な分類法になっている．

1·1　生物分類法における「種」

1·1·1　「種(しゅ)」とは

地球上には 100 万種以上の生物が存在する．**種**(しゅ)(species)は生物種を決める最小単位であり，確認されている中で最も多い種をもつ生物は昆虫である．生物学では種を「互いに交配する集団で，他の集団から生殖の面で隔離されているもの」と定義し，生殖能力をもつ子をつくれる生物は同一種とみなす．イヌには柴犬やプードルのような犬種（品種）があるが，交配すると雑種の子が生まれ，その雑種も次の子をつくるので一つの種である（注：生物学では異なる遺伝的背景をもつ個体間の交配から生まれた子を**雑種**(hybrid)という）．オスのロバとメスの馬を交配させると**種間雑種**(interspecific hybrid)のラバが生まれるが，ラバは交配能力がないため，馬とロバは別種であることがわかる．ただし定義から外れるが，稀に遺伝子構造の近い種間から生殖能をもつ子が生まれる場合があり（例：ニホンザルとカニクイザル），種の境界が常に厳密なわけでもない．

1·1·2　生物分類上の階級

複数の種をまとめた上位の分類階級を**属**(Genus)という．属と種の名称を組み合わせて生物を命名する方法を**二名法**といい，**リンネ**(C. von Linné)によって考案された．学名（国際命名規約によって定義される生物の正式名称．約 10 万種の生物に

表 1·1　動物や植物の分類学上の位置

階級	ヒト (*Homo sapiens*)	ウメ (*Prunus mume*)
界（Kingdom）	動物界	植物界
門（Phylum）	脊椎動物門 脊椎動物亜門	被子植物門
綱（Class）	哺乳綱 真哺乳亜綱 胎盤下綱	双子葉植物綱
目（Order）	サル（霊長）目 サル（真猿類）亜目	バラ目
科（Family）	ヒト上科 ヒト科	バラ科
属（Genus）	ヒト属	サクラ属
種（Species）	ヒト（*sapiens*）	ウメ（*mume*）

学名が付けられている）もこの方法で付けられる．ヒトはホモ属のサピエンス種なので，ホモ・サピエンス（*Homo sapiens*）と命名される．属の上には，**科**，**目**，**綱**，**門**という階級があり，最上位の階級を**界**という．ヒトをこのような基準で分類すると，上から動物界，脊椎動物門，哺乳綱，霊長目，真猿亜目，ヒト上科，ヒト科，ヒト属，ヒト（種）となる．

Family Order Class Phylum/Division Kingdom

1·2　五界説による生物の分類

1·2·1　五界説以前

生物分類の初期の頃，リンネにより生物はまず動物界と植物界に分けられた（**二界説**）．動物は食べて動き，植物は食べず動かないという，かなり強引な分類法である．ただ，動物にはプランクトンやサンゴのように自分自身で移動できないものもあり，植物にはわずかではあるが運動性がある．二界説では，菌類（カビやキノコの仲間）や藻類（コンブ，アオミドロ，ケイソウなどの藻の仲間）は植物に入れられた（注：現在，菌類は遺伝子構造的に植物より動物に近いことがわかっている）．やがて顕微鏡が発明され，微生物の存在が明らかになった．細菌類（大腸菌，結核菌など）は当初植物に，アメーバ，ゾウリムシ，マラリア原虫のような典型的な動物性原生動物は動物に入れられていたが，1894 年，ヘッケルにより微生物は原生生物界とし

表 1·2　各学説による生物の大分類法

<table>
<tr><th>二界説</th><th>三界説</th><th>五界説</th><th>六界説</th><th>八界説</th><th>3ドメイン説</th></tr>
<tr><td rowspan="5"></td><td rowspan="5">原生生物界</td><td rowspan="2">モネラ界</td><td>真正細菌界</td><td>真正細菌界</td><td>真正細菌域</td></tr>
<tr><td>古細菌界</td><td>古細菌界</td><td>古細菌域</td></tr>
<tr><td rowspan="3">原生生物界</td><td rowspan="3">原生生物界</td><td>アーケゾア界</td><td rowspan="6">真核生物域</td></tr>
<tr><td>原生動物界</td></tr>
<tr><td>クロミスタ界</td></tr>
<tr><td rowspan="2">植物界</td><td rowspan="2">植物界</td><td>菌界</td><td>菌界</td><td>菌界</td></tr>
<tr><td>植物界</td><td>植物界</td><td>植物界</td></tr>
<tr><td>動物界</td><td>動物界</td><td>動物界</td><td>動物界</td><td>動物界</td></tr>
</table>

て括られた（**三界説**の提唱）.

1·2·2　五界説による分類法：最も普通の分類法

1959 年，ホイタッカーは**五界説**を提案した．要点は（1）菌類を植物界から独立させて菌界としたことと，（2）原生生物界から細菌類を独立させてモネラ界（原核生物界：核をもたない生物．1·3·1 項）をつくったことである．動・植物界，菌界いずれにも属さない真核生物（核をもつ生物．1·3·1 項），つまり典型的な原生動物を原生生物界に残し，藻類は植物界に，粘菌類（タマホコリカビなど）と卵菌類（水カビなど）は菌類に含めた.

解 説

原生動物と後生動物

後生動物(metazoan)(通常の動物), **原生動物**(protozoan)という生物分類上の名称が存在する．後生動物は多細胞で前後，上下といった体制をもち，細胞分裂により受精卵から胚がつくられる．これに対し原生動物は単細胞で原生生物に含まれ，受精後の胚の形成や細胞の分裂・分化もない.

1·2·3　改良型五界説

1980 年代に入ると五界説の見直しが行われ，それまで菌界に入っていた粘菌類と卵菌類，植物に入っていた藻類が，生活環のある時期にアメーバ状になったり，遊走子が鞭(べん)毛で泳ぐなどの原生動物特有な形質をもつことから原生生物界に入れられた．ただ藻類は明らかに陸上植物の直接の祖先なので，この分類法には異論も多い．生物は基本的に遺伝子セットが通常は 1 組

(**単相** (haploid phase))か2組(**複相** (diploid phase))になっている(2, 7章参照). モネラ界生物は単相だが, 原生生物, 菌類は両方が安定に存在する生活環をもつ. 動物, 植物（コケ類は単相が主）は基本的に複相であり, 単相体は減数分裂で生じる卵, 精子, 有性胞子などの**配偶子** (gamete)という状態の短い時期にしか見られない.

1·2·4　より細かな分類法

1977年, それまでのモネラ界を真正細菌界と古細菌界に分けた**六界説**がウーズにより提案された. さらに, 五界説では真核生物のうち, 動植物でもなく菌類でもない「それ以外」を強引に原生生物にまとめた感があったが, 原生生物を, 典型的原生動物が入る原生生物界, 主に藻類を含むクロミスタ界, そしてミトコンドリアを含まない生物が入るアーケゾア界に三分割し, 生物を8つに分ける**八界説**も提唱された（注：ただアーケゾアの中には後からミトコンドリアを失ったものもあり, その意義は揺らいでいる).

1·2·5　改良型五界説における各界の生物の特徴と構成

a. 原核生物界：**原核生物** (prokaryote)には核膜で包まれた核をもたない生物が含まれる. 一般的に**細菌** (bacteria)（**バクテリア**）とよばれる単細胞生物で, **真正細菌類** (eubacteria)と**古細菌類** (archaea)（1·3·2項参照）からなる. 真正細菌は通常の細菌類（大腸菌, ブドウ球菌など）と, 光合成をする**ラン藻類**（**シアノバクテリア** (cyanobacteria). 例：ネンジュモ, ユレモ）に分けられる. 古細菌は3ドメイン説（後述）で独立したドメインとなった. 光合成や化学合成によりエネルギー源となる有機物を自ら合成できる**独立栄養生物** (autotroph)も少なくない.

b. 原生生物界 (protist)：鞭毛虫類, アメーバ（根足虫）類, 胞子虫類, 繊毛虫類などの狭義の**原生動物** (protozoan)（単細胞で動物的要素の強い単細胞生物）が入る. 光合成をする**藻類** (algae)（褐藻, 紅藻, 緑藻, 珪藻を含む）[ワカメ, アオミドロ, ミドリムシ, シャジクモなど] や**粘菌類** (myxomycete), **卵菌類** (oomycete)もここに入る.

c. 菌界：**菌類** (fungi)は光合成をしない**従属栄養生物** (heterotroph)である（☞ 有機物を養分として吸収する生物). **子のう菌類** (ascomycete)（アオカビ, **酵母 [菌]** (yeast), アカパンカビなど）(注：アオカビなどを不完全菌として別に分類する方法もある), **担子菌類** (basidiomycete)（キノコの仲間), **接合菌類** (zygomycetes)（ケカビなど), **地衣類** (lichen)（菌類と藻類の共生体. 例：

1 2 3 4 5 6 7 8 9 10 11 12 13 14

ウメノキゴケ）が含まれ，酵母以外は多細胞生物である．

d. 植物界(plant)：陸上に上がった生物のうち，葉緑体をもち移動しないものを植物という．基本的に独立栄養生物で，進化に伴って乾燥に対する耐性を獲得した．**シダ植物**(pteridophyte)（ワラビ，スギナなど）は根，茎，葉と分化した体制をもち，水分が通る管「維管束」をもつ．ただ，有性生殖時には精子が泳ぐための水が必要である．**コケ植物**(bryophyte)（**蘚苔類**(せんたい)．スギゴケ，ゼニゴケなど）は器官などの分化度が低く，維管束もはっきりしていない．乾燥に強い種子をつくる**種子植物**(spermatophyte)はさらに進化した植物だが，これには胚珠がむき出しになっている**裸子植物**(gymnosperm)（イチョウ，スギなど）と，覆われている**被子植物**(angiosperm)がある．被子植物はイネやヤシのような単子葉植物と，エンドウやウメのような双子葉植物に分かれる（発芽後の双葉(ふたば)の数で分ける）．草「**草本植物**(herb)」と木「**木本植物**(arbor)」というような一般的な分け方もある．

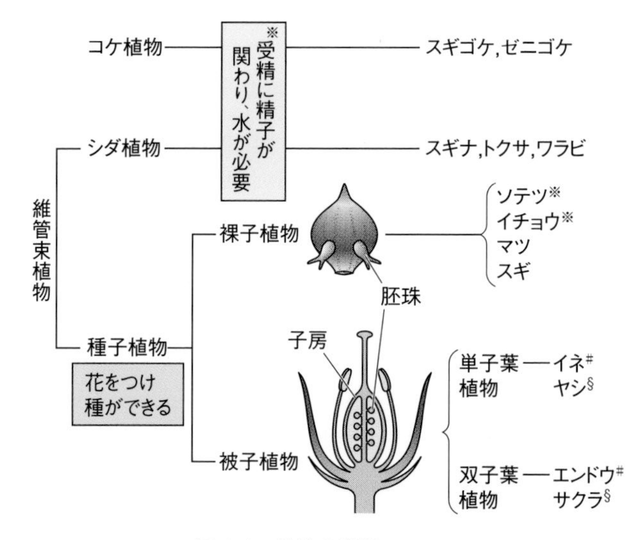

図 1·1　植物の分類
#：草本植物，§：木本植物

e. 動物界(animal)：**(ⅰ) 全体像**　後生動物に属する多細胞生物で（6 頁解説参照），最も単純なものは**海綿動物**(sponge)で（カイメンなど），無胚葉性である（注：胚葉については 7 章参照）．二胚葉性で原腸胚まで進化した胚の体制をもち，内

Column

イチョウは精子で受精する

イチョウはオスの木とメスの木があり，オスの木は花粉をつくり，実（銀杏（ぎんなん）という）はメスの木にできる．通常の種子植物（11 章）と異なり，受粉後，イチョウの花粉は水分があると精子を放出し，その精子が受精に直接かかわる．つまり，イチョウには藻類や下等植物の特徴の一部が残っている．この現象は明治時代，当時東京帝国大学の助手だった平瀬作五郎により発見され，東京大学の校章にもイチョウの葉があしらわれている．

部がくぼんだ壷（つぼ）状の形をもち，刺胞細胞を備えた触手をもつ**刺胞動物** cnidaria（クラゲやイソギンチャクなど）が次に位置する．次に進化した動物は三胚葉性生物の原体腔類と真体腔類である．前者には**扁形動物** flatworm（プラナリアなど），**線形動物** nematode（カイチュウなど）などが入るが，体腔（体内の空間）の構造はまだ原始的である．後者には**軟体動物** mollusc（貝類やタコなど），**環形動物** annelids（ミミズなど），**節足動物** arthropod（昆虫類やエビなど），**棘皮動物** echinoderm（ウニやヒトデなど），**脊索動物** chordate（原索動物［ホヤなど］や**脊椎動物** vertebrate など）が入る．

（ii）**脊椎動物**　背骨（脊椎）をもつものを脊椎動物といい，**魚類** fish はエラ呼吸をする（注：「類」はあくまでも実用的で慣用的な括り．軟骨魚綱［サメ

表 1·3　動物の分類 #

<table>
<tr><th colspan="5">後生動物</th></tr>
<tr><td rowspan="7">海綿動物（カイメン）</td><td rowspan="7">刺胞動物（クラゲ・イソギンチャク）</td><td colspan="3">真正後生動物</td></tr>
<tr><td colspan="2">旧口動物</td><td>新口動物</td></tr>
<tr><td>原体腔類</td><td colspan="2">真体腔類</td></tr>
<tr><td>紐形動物（ヒモムシ）</td><td>節足動物（昆虫類，クモ，エビ）</td><td>毛顎動物（ヤムシ）</td></tr>
<tr><td>扁形動物（プラナリア，ヒラムシ）</td><td>環形動物（ミミズ，ゴカイ）</td><td>棘皮動物（ウニ，ヒトデ）</td></tr>
<tr><td>線形動物（センチュウ，カイチュウ）</td><td>軟体動物（貝類，イカ，ナメクジ）</td><td>原索動物（ナメクジウオ，ホヤ）</td></tr>
<tr><td>輪形動物（ワムシ）</td><td></td><td>脊椎動物（魚類，鳥類，哺乳類）</td></tr>
<tr><td>無胚葉性</td><td>二胚葉性</td><td colspan="3">三胚葉性</td></tr>
</table>

代表的なものをあげた．

など］と硬骨魚綱［タイ，コイなど］に分かれる）．陸に上がった最初の動物は**両生類**amphibian（カエルやイモリなど）だが，幼生［＝オタマジャクシ］は水中で暮らす．両生類から**は虫類**reptile（ヘビ，カメなど）と**鳥類**bird，そして**哺乳類**mammalが進化した．鳥類と哺乳類は体温を一定に保つ恒温動物で，哺乳類は子を生み（＝**胎生**viviparity），母乳で哺育する．哺乳類にはサル（霊長）目（サル，ヒト）やウシ（偶蹄）目（ウシ，イノシシなど）など，多くの分類群がある．

解説

分類に迷う動物

カモノハシは哺乳類（単孔目）だが，クチバシがあって卵を生むという鳥の特徴を合わせもつ．肺魚は足に似たヒレをもち，乾燥状態では肺呼吸をする．いずれも進化の過渡期の状態を示していると考えられる．

解説

新口動物と旧口動物

原腸胚期（7章参照）の原口がそのまま口になるものを**旧口動物**protostome（**前口動物**），原口が肛門になり，口が別にできるものを**新口動物**deuterostome（**後口動物**）という．前者には軟体動物や節足動物が入り，後者には棘皮動物や脊椎動物が入る．

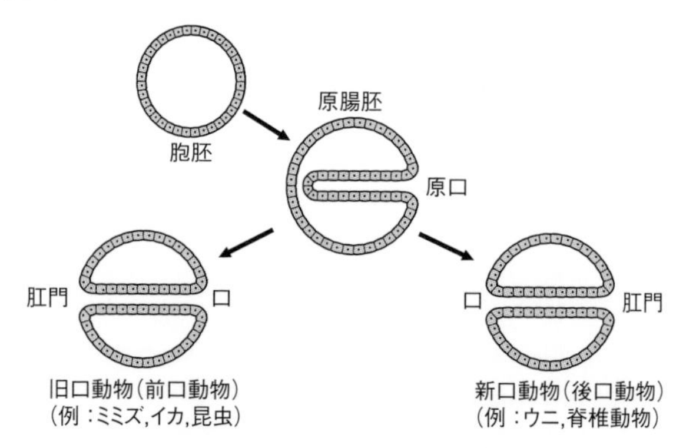

図1·2 新口動物と旧口動物

1·3　生物の 3 大分類

1·3·1　分子生物学的基準による生物の 2 大分類法

上からもわかるように，生物の分類法は曖昧さを残している．細胞の増殖と遺伝という，生物の本質を明らかにしようとする分子生物学は，このような曖昧さをなくして結果を記載することを目的とするため，生物を核（膜）をもつ**真核生物**（eukaryote）ともたない**原核生物**（prokaryote）という二つのドメイン（領域，超界）に分けた．この分け方は生物の複雑性とは無関係で，酵母(パン酵母など)は原核生物ではなく，ヒトと同じ真核生物に属し，藻のように見えるネンジュモは細菌と同じ原核生物に属する．真核生物は核膜で包まれた核をもつ以外にも，染色体 DNA にヒストンが結合したクロマチン（染色質）構造をとるなど，いくつもの特徴があり，**ゲノム**（genome）（染色体 DNA 1 セット分）サイズも大きい．

表 1·4　原核生物と真核生物のちがい

	原核生物	真核生物
核（核膜）	ない	ある
細胞小器官	ない	ある
DNA の状態	裸の DNA	タンパク質の結合したクロマチン
核相（遺伝子セット）	一倍体	二倍体（以上）
細胞分裂	無糸分裂	有糸分裂
遺伝子数	少ない（500 ～ 4000）	多い（5000 ～ 3 万）
細胞数	単細胞	単～多細胞

1·3·2　第 3 の生物：古細菌

20 世紀の半ば過ぎ，**古細菌（アーキア）**（Archaea）という細菌類に注目が集まった．古細菌（高度好熱細菌，メタン細菌，高度好塩菌など）は太古の地球環境に生きたとみられる特徴をもち，今でも火山の噴気口などに見つかる．真正細菌と同様に核のない原核生物であるが，遺伝子の構造や発現機構が真核生物のそれに近く，真核生物特有と考えられている遺伝子を多数もつ．遺伝子発現に関しても，真核生物特有の因子をもち，RNA ポリメラーゼも真核生物のように多数のタンパク質からなっている．古細菌は真核生物と原核生物の両者の中間に位置する独立したドメインにある生物と認識され，**3 ドメイン説**が立てられた．

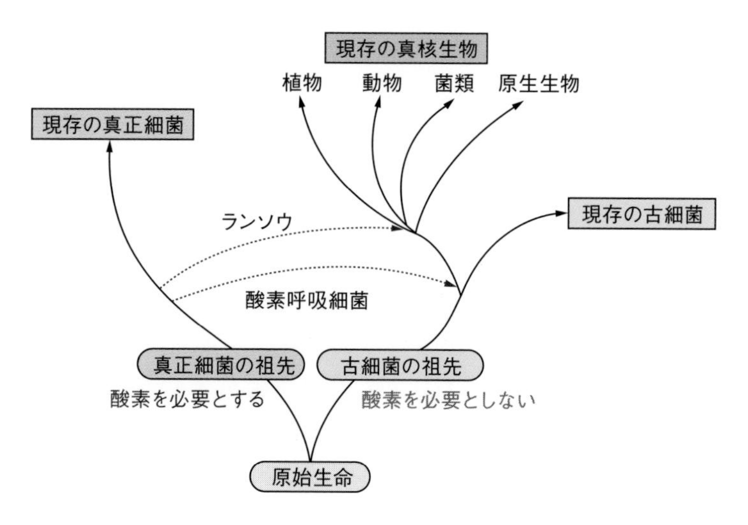

図 1·3　古細菌の位置づけと真核生物の誕生（仮説）
点線のように原核生物が入り込んで共生したと想像される.

Column

「細胞内共生説」

古細菌が発見されるまでは,「真核生物と原核生物は原始生物から別々に進化した」, あるいは「一つが他方から進化した」などと言われていたが, その見方は古細菌の発見により大きく変わった. 真核生物細胞内にあるミトコンドリアや葉緑体（3 章参照）は自前の DNA をもち, 細胞内で複製するが, 分子生物学的研究により, 両者の DNA の構造がそれぞれ好気（酸素）呼吸を行う細菌と光合成を行う原核生物の DNA に類似し, コドン(5 章参照) もそれぞれの細菌（あるいはそれに感染するウイルス）に近いことがわかった. これらの事実から, ミトコンドリアと葉緑体は, それぞれ好気呼吸をする（酸素を用いて呼吸する）細菌とランソウが現在の古細菌に近い細胞の中に入り, その結果真核生物が, そして植物が生まれたという仮説が出された. これを**細胞内共生説**(endosymbiotic theory)という.

1·4　生物の本質

生物は柔らかいが, これは生物が柔らかな**細胞**(cell)からできていることに関係

- 細胞からなる
- 自己増殖能がある
- 遺伝的性質を示す
  （ある頻度で変異を生じる）

図 1·4　生物がもつ基本的性質

があり，硬い殻をもつ貝類も内部には柔らかな細胞がある．細胞をもつことは生物の基本的特徴の一つである．細胞は膜によって外界と隔離された空間で，内部にエネルギー物質を栄養などとして取り込み，それを化学反応（＝これを代謝という）させることによってエネルギーを取り出し，それを元にして様々な生命活動を営んでいる．「増える」という現象は生物的なものである．生物は環境と栄養が整えられれば自らの力で増えるが，この性質を**自己増殖**（self-proliferation）あるいは**自律増殖**（autonomous proliferation）という．寄生生物（例：ヤドリギやカイチュウ）が寄生するのは，単に栄養供給が不充分なためである．**ウイルス**（virus）は細胞をもたない粒子で，生きた細胞でなければ増えないので，複製や遺伝という生物的な面があるものの，生物とはしない．生物では生まれた子は親と同じ形と性質をもつが，この現象を**遺伝**（heredity）といい，やはり生物の本質的特徴である．ただ遺伝現象は結晶の成長（☞ 濃い塩水の中に食塩の結晶を入れると，結晶の周りに食塩が付いて結晶が大きくなる）とは違い，低い確率だが親と異なる子ができる（☞ これを**変異**（mutation）という）．結晶の成長では変異は決して起こらない．著者は生物の特徴を，「細胞」「自己増殖」「遺伝（変異の可能性を含む)」と捉えている．

1. 生物の種が同じか違うかは何で判断したらよいか．同じ種なのに，見た目が違うということはありうるか．
2. あるところから顕微鏡で見えるほどの単細胞の生物が持ち込まれた．この生物が生物分類の 3 ドメインのどこに入るかは，何を調べればわかるか．

2 遺伝と遺伝子

生物の本質の一つに親の形質が子に伝わる遺伝という現象があるが，遺伝を司る遺伝子は染色体の中に DNA という分子で存在する．メンデルにより遺伝学の基礎が築かれ，それ以降に発見された様々な遺伝現象や遺伝の法則は現在では分子レベルで明確に説明することができる．遺伝の本質は形質が変わらずに子孫に伝わることであるが，同時に低い割合で親と少し違う個体が生まれるという，一見逆説的な現象も起こる．

2･1 遺伝に関するメンデルの法則

2･1･1 形質は遺伝する

生物のもつ形と性質を合わせて**形質**(character)といい，色や大きさから性格や寿命などにいたるすべての事柄が含まれる．柴犬からはやはり柴犬が生まれるが，このように親の形質が子に伝わることを**遺伝**(heredity)という．遺伝現象は，子に両親の中間の形質が出たり，あるいはまったく出なかったりと複雑である．この章では遺伝現象のしくみを述べ，遺伝子＝ DNA についても説明する．

2･1･2 対立遺伝子と優性の法則

遺伝の規則性は 19 世紀の半ば，**メンデル**(G. Mendel)により明らかにされた（注：1900 年，突然変異の発見者ド・フリースにより再認識された）．メンデルは形質を生み出す因子である**遺伝子**(gene)に関して**対立遺伝子**(allele)という概念を設けた．実験にはエンドウ（マメ）を使ったが，種(たね)の形が丸としわ，種の色が黄と緑，背丈が高いと低いなどを対立遺伝子とした．図にあるように，丸としわの種をつくるエンドウを交配すると，できた種（注：これを雑種一代目[F_1]という）はすべて丸になった．遺伝的背景の異なる個体の交配は**交雑**(hybridization)ともいい，生まれた子を**雑種**(hybrid)という．雑種一代目で現れる形質を**優性**(dominant)，他方を**劣性**(recessive)と定義するが（注：現在は優性を**顕性**(けん)，劣性を**潜性**(せん)とよぶようになっている），この

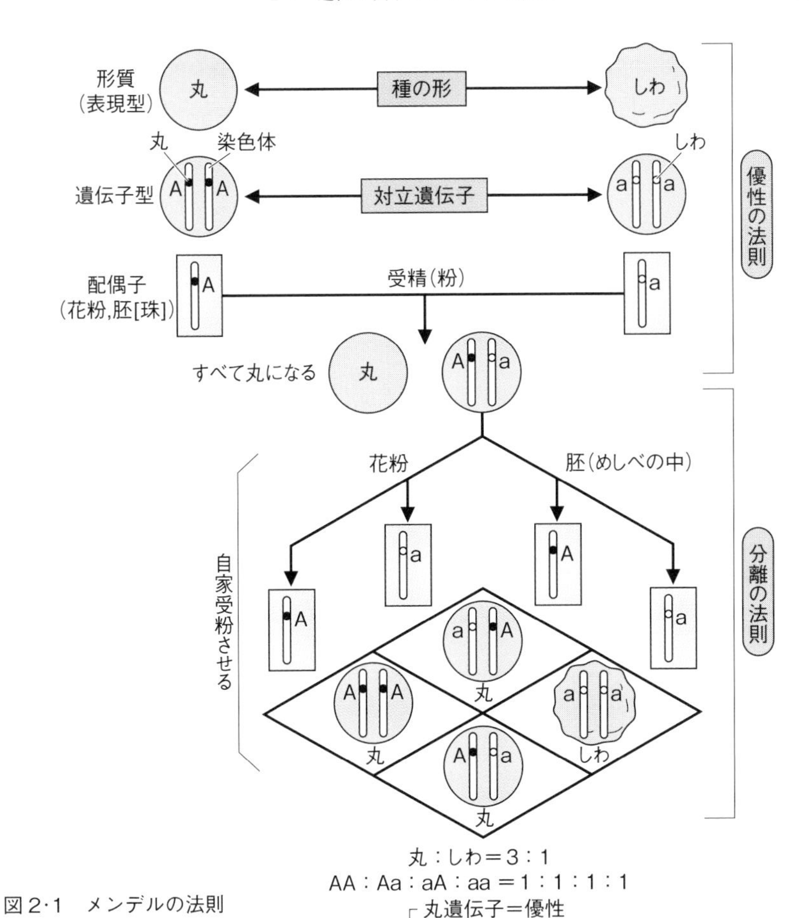

図2·1　メンデルの法則
（エンドウの種の場合）

現象は**優性の法則**（law of dominance）とよばれる．

2·1·3　分離の法則

雑種一代目の個体を育て，自家受粉（同一個体のおしべとめしべによる受粉）によって雑種二代目をつくると，その種は丸3に対し，しわが1という割合になる．このように優性の中に劣性が分かれて出現する現象を**分離の法則**（law of segregation）という．この現象は「細胞には2種類の対立遺伝子がいろいろな組合せで2個存在するが，**配偶子**（gamete）（＝有性生殖に関与する細胞．一般には卵と精子)にはそのうちの片方が入り，受精でまた2個になる」と考えるとよい．対立形質のうち実際に現れる形質を**表現型**(phenotype)といい，細胞がもつ対立遺伝子のタイプを**遺伝子型**(genotype)という．遺伝子型は通常，優性をアルファベットの大文字，劣性を小文字で表す．雌雄由来のペアの染色体を**相同染色体**(homologous chromosome)というが，対立遺伝子は各相同染色体に1個ずつ含まれる．なおゲノムを1組しか含まない細胞／個体を**一倍体**(monoploid)，2組のものを**二倍体**(diploid)という．ある遺伝子に関して対立遺伝子が同一のものを**ホモ接合体**(homozygote)，異なるものを**ヘテロ接合体**(heterozygote)という．劣性遺伝子はホモ接合にならないと形質として表に出ないが，むしろ優性遺伝子がそれを抑えると捉える方が正しい．ヘテロ接合の F_1 で優性の形質が出るのは，「優性遺伝子1個からでも余裕をもった量の遺伝子産物がつくられる」という理由で説明できる．

解 説　**劣性の遺伝子の機能**

優性の遺伝子は機能タンパク質をつくる遺伝子で，劣性の遺伝子はそのようなタンパク質をつくることができない遺伝子と捉えると，メンデルの法則をうまく説明できる．

2・1・4　独立の法則

上からわかるように，遺伝子はなくなったり新たにつくられたりはせず，細胞に安定に存在する．優性の法則や分離の法則を二つ以上の形質に関する遺伝子で同時に検定しても，各遺伝子は他とは無関係に両法則に従う．これを**独立の法則**(law of independence)というが，このことから遺伝子は混ざったり干渉されたりせず，安定であることがわかる．ただし独立の法則が成立するためには，対象とするそれぞれの対立遺伝子セットが別々の染色体に存在する（連鎖しない）ことが条件となる．

2・1・5　二倍体以外で生きる生物

動植物などの高等真核生物は二倍体であり，一倍体細胞は配偶子のごく短い時期しか存在しない．しかし進化度の低い真核生物の中には一倍体／単相で生活を送っているものも多く，普段みられるコケは単相である．単相と複相を繰り返す生活環をもつ真核生物は配偶子が融合した複相生物体として成長し，その後減数分裂（7 章）で単相の配偶子（精子と卵）をつくり，それぞれが成長して生物体となる．原核生物は常に一倍体で，減数分裂もない．二倍体生物では劣性の対立遺伝子がホモ接合にならなければ劣性形質は表に出ないが，一倍体生物では遺伝子の働きがそのまま形質に現れる．

解 説

「血が濃い」ということ

近い血縁同士が結婚すると，生まれた子の遺伝子はホモ接合になりやすく，これが劣性の遺伝子に起こると，病気に結びつく形質（例：血友病や色覚異常）が出やすい．日本では直系血族や三親等内の傍系血族の結婚は禁止されている．

2·2　様々な遺伝様式

2·2·1　伴性遺伝子，致死遺伝子

性染色体上にある遺伝子は**伴性遺伝**（sex-linked inheritance）の様式をとる（図 2·2）．哺乳動物の性染色体はオスが XY，メスが XX であり，オスは X 染色体上の遺伝子に関して単相となるため（このような状態を**ヘミ接合**（hemizygote）という）劣性形質が出やすい．ヒトの劣性遺伝子の一つである色覚異常遺伝子は X 染色体にあるので，このような現象がみられる．女性は正常な遺伝子があれば病気の遺伝子を抑えるので，症状が出にくい．ある形質が生存に重要な器官の形成に必要な場合，その形質に関する劣性遺伝子がホモ接合になると，その胎児は発生の途中で死ぬので見かけ上生まれてこない．このような遺伝子を**致死遺伝子**（lethal gene）といい，流産の原因になる．

2·2·2　補足遺伝子，同義遺伝子

独立の法則が成立していても，2 個の遺伝子が同じ形質を現す場合，両者が共存すると遺伝子産物の相互作用により新しい形質が出る場合がある（例：ニワトリのトサカのバラ冠とエンドウ冠の遺伝子がどちらも優性になると，クルミ冠になる）．このような遺伝子を**補足遺伝子**（complementary gene）という．上とは逆に一つの形質を決める遺伝子が複数ある場合，それらを**同義遺伝子**（multiple gene）という．二つの遺伝子が同義遺伝子である場合，それに関わる劣性の形質は 16 分の 1 の割合でしか現れない．

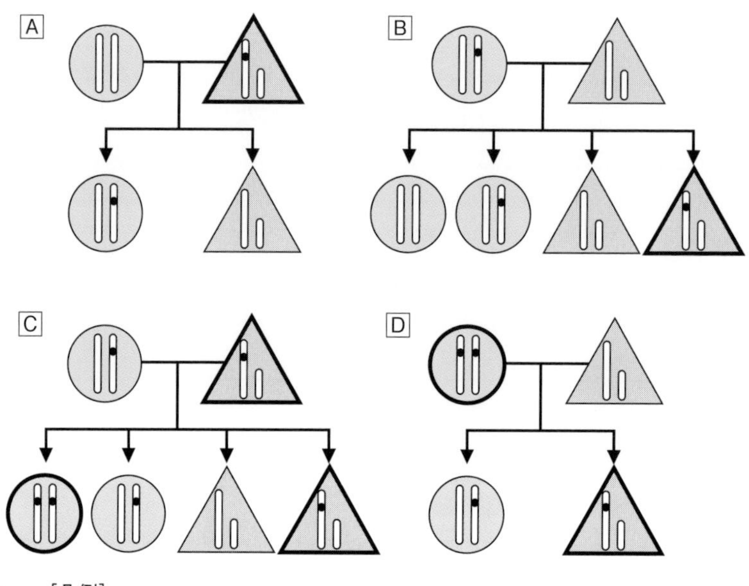

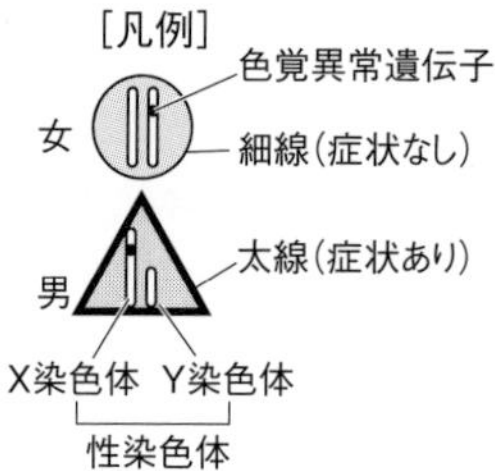

図 2·2　伴性遺伝(ヒトの赤緑色覚異常[色盲] の場合)
色覚異常遺伝子（X 染色体上にある）は劣性であり，ホモ接合およびヘミ接合のときに症状が出る（実際には正常遺伝子があれば症状は出ない，と理解できる）.
A～D：種々の結婚の例を示す.
注）近年は色盲に色覚異常の用語を充てることが多い.

2·2·3　非メンデル型遺伝

メンデルの独立の法則は**連鎖**（＝同一染色体上にあり，挙動をともにすること）している遺伝子には適用されず，メンデルは意識的に連鎖していない対立遺伝子を選んだとも考えられる．赤（優性）と白（劣性）の花の雑種一代の花が中間色のピンクになる場合があるが，これは赤い色素をつくる優性遺伝子の活性が 1 個（＝ヘテロ接合）では不充分という理由による．このように中間の性質を示す雑種個体を**中間雑種**（intermediate hybrid）という．卵には核と細胞質があるが，精子や花粉核は細胞質をほとんどもたない．このためミトコンドリア DNA や葉緑体 DNA の中にある遺伝子の形質はほぼメス側からしか遺伝しない．このような細胞質遺伝を示す遺伝様式を**母性遺伝**（maternal inheritance）という.

2·3　連鎖と変異

2·3·1　連鎖と遺伝子地図

減数分裂時，複製を終えた雌性と雄性の配偶子から由来する相同染色体間で部分的交換：**乗換え**（crossing-over）が起こると，同一染色体上にある遺伝子が入れ換わる**組換え**（recombination）が起こるため，遺伝子間の連鎖が崩れる．組換え率は距離が長いほど大きいので，交配してできた F_1 個体の形質の出現頻度を調査することにより，遺伝子間の相対距離がわかる．A と B の組換え率が 12％で，A と C および C と B の組換え率がそれぞれ 3％と 9％の場合，C は A–B 間で A から 25％の位置にあることがわかる．**遺伝子地図**（genetic map）はこのようにしてつくられる．**モーガン**（T. Morgan）はショウジョウバエの遺伝子地図を作成し，遺伝子は染色体上に分岐せず直線的に並んでいることを明らかにした．

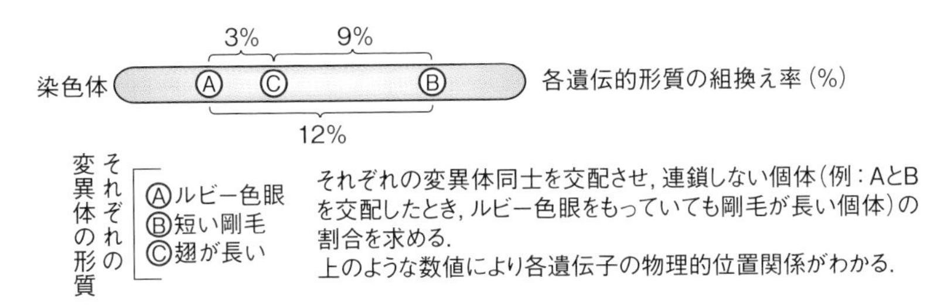

図 2·3　遺伝子地図の作成（キイロショウジョウバエの例）

2·3·2　ばらつきと突然変異

体重 20 kg のイヌから生まれたイヌの体重は 20 kg を基準にある確率に従ってばらつくが，ばらつきはその原因が栄養状態などの環境条件に依存するので**環境変異**（variation）という．環境変異は子孫に遺伝しない．ところが，時として小さく生まれたイヌの子が成犬になっても親と同じく小さい場合がある．このように子孫に遺伝する変化は**突然変異**（mutation）あるいは単に**変異**という．色素を

解説　**変異の厳密な定義**

変異の原因は DNA 配列の変化である．分子生物学では DNA 配列の変化をすべて変異というので，変異の場所（例：非遺伝子部）や中身（例：アミノ酸が変わらない変異）により形質に差が出ないこともある．

Column

体細胞（突然）変異

突然変異個体が生まれる（遺伝する）には，親の生殖細胞の遺伝子が変異している必要がある．これに対し多細胞生物内の通常細胞の一部が変異するような一代限りで部分的な変異を**体細胞変異**(somatic mutation)という．渋柿の木のある枝にできた実がすべて甘柿になったり（「枝変わり」という現象），皮膚細胞が色素を大量につくってホクロになったりするのがこれにあたる．制御の利かない無限増殖能を獲得した細胞，すなわち**癌細胞**(cancer cell)も体細胞変異の一種である．

失ったアルビノ（例：白いライオン）や巨大化（例：マツヨイグサに対するオオマツヨイグサ）などの突然変異は，別種と思えるほど親との形質の差が大きい．ただ，変異は遺伝することが必須条件なので，形質のかけ離れ程度とは無関係であり，また遺伝子に変異があっても形質に反映されないこともある（サイレントな変異．前頁解説参照）．

2·3·3　変異の誘因

変異を引き起こす原因には，DNA 合成の間違いが修復（5 章参照）されずに残る場合と，DNA が細胞外の要因あるいは過酸化物などの細胞内反応性物質によって変化する場合の二通りある．細胞外から入る DNA 傷害物質を**変異原**といい，紫外線や放射線（X 線，γ(ガンマ)線，宇宙線など），亜硝酸塩などの反応性物質，DNA 結合物質や切断物質，コールタールの成分などの化学物質がある．物理刺激やウイルスも変異原となりうる．

表 2·1　DNA の変異原と傷害剤

変異原の種類	その作用機序
亜硝酸塩	塩基の変換：シトシン → ウラシル アデニン → ヒポキサンチン
マスタードガス，酸，高温	塩基が除かれる その結果 DNA が切れる
重金属，放射線，DNA 分解酵素	DNA 鎖の切断
マイトマイシン C（抗生物質の一種）	DNA 鎖同士の結合
紫外線	ピリミジン塩基同士の結合

2·4　遺伝物質の探求

2·4·1　遺伝子の条件

遺伝子の概念ができてもその実体を示さなくては遺伝子を実証したことにはならない．メンデル以降，遺伝子とはどのような物質であるかを明らかにする努力がなされた．このためには遺伝物質のもつべき条件を整理することが有効である．**遺伝物質**は物質的に安定であることはもちろんのこと，細胞に一定量存在し，減数分裂で半分にならなくてはならない．また遺伝情報をもち，形質を表すために使われ，さらに子孫に正確に伝達される必要がある．突然変異が起こる余地があることもむろん必要なことである．

表 2·2　遺伝物質の条件

遺伝物質の条件
● 細胞内に一定量存在する
● 物質的に安定である
● 減数分裂後で半分になる
● 遺伝形質を子孫に伝える
● 遺伝形質を支配する
● ある程度の変異を許容する

2·4·2　遺伝子のある場所と遺伝物質

精子の大部分が核で，そこに決まった数の染色体があることから，まず遺伝子は核内の染色体と考えられた（**遺伝子の染色体説**）．染色体はタンパク質と核酸（ここではDNA）を含むが，核酸は糖と塩基，そしてリン酸基を含む繰り返し構造をもつ単純な物質である．一方タンパク質は多くのアミノ酸をもつ複雑な物質である．19～20世紀頃は多彩な作用をもつタンパク質の研究が全盛だったため，遺伝にかかわる物質もタンパク質であろうと思われていた．しかしこの予測は，以下の研究により明確に否定された．

2·4·3　遺伝子はDNA

グリフィス（F. Griffith）は，マウスに強毒性の細菌である肺炎球菌（肺炎連鎖球菌，肺炎双球菌）を感染させるとマウスが死ぬという実験系を用い，熱で殺した強毒性細菌と毒性のない弱毒性細菌を混ぜ，それをマウスに注射するとマウスが死んで血液中に強毒菌が多数出現するという現象を発見した．この結果を受け，1944年**アベリー**（O. Avery）は強毒菌から抽出したDNAと生きた弱毒菌を混合し，それを培養したところ，培地には強毒菌が出現した．抽出した

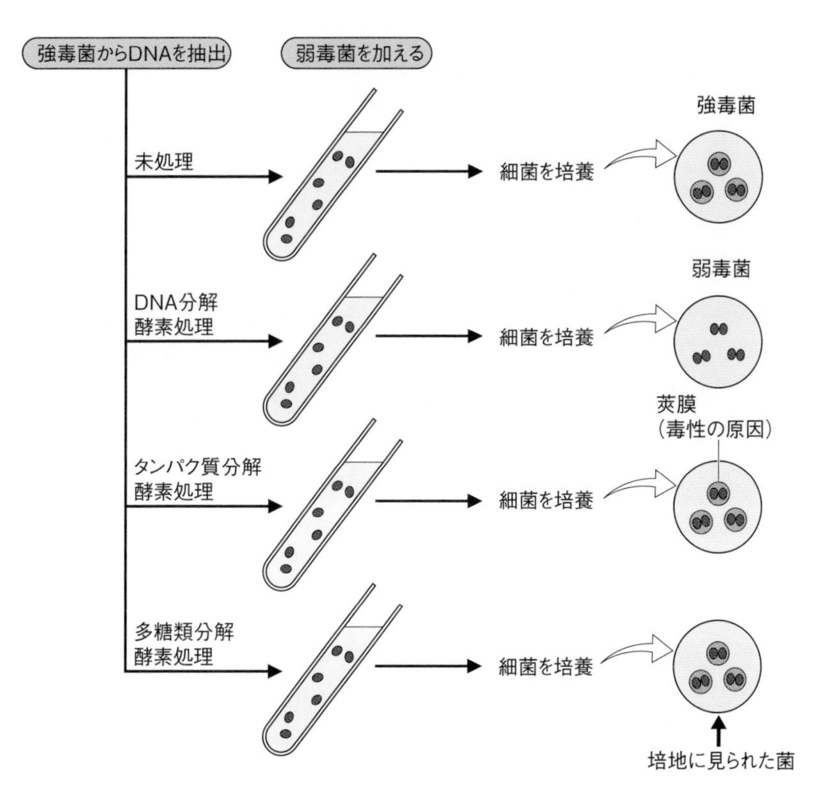

図2·4 肺炎球菌を用いた形質転換実験（アベリーの実験）

DNAをあらかじめタンパク質分解酵素で処理しても同じ結果になり，DNA分解酵素で処理すると，強毒菌は出なかった（☞ 混在する微量のタンパク質の影響を否定した）．DNAが入ることにより細胞の性質が変わることを**形質転換**（transformation）というが，この実験では病原性にかかわるDNAが弱毒菌を強毒菌に形質転換させたと考えられた．これとは別に，細菌に感染するウイルス（**バクテリオファージ／ファージ**（bacteriophage））を使った実験で，ファージ感染後に細胞表面のファージをブレンダーで振るい落とし，侵入したファージDNAから子ファージを増殖させると，子ファージには親ファージのDNAの痕跡が見つかるのに，タンパク質の痕跡は消えていたという結果も得られた（ハーシーとチェイスの**ブレンダー実験**）．これらの結果から遺伝物質はDNAであることが明らかとなった．

Column

BSE の病原体は遺伝子をもたない

BSE（牛海綿状脳症：狂牛病）は，不溶化した**プリオン**（prion）（脳にある通常タンパク質の一種）がウシの脳細胞に沈着して動物が死ぬ病気で，ヒトにもCJD（クロイツフェルト・ヤコブ病）などの類似疾患がある．BSE ウシのプリオンを食物として摂取してもBSE 様病変を起こす．病原性プリオンは非常に安定なタンパク質で，熱しても壊れず，消化もされない．変異プリオンは近傍の正常プリオンの立体構造を異常型に変化させることができるため，一見，異常プリオンが組織内で増殖するかのように見える．異常プリオンが複製するわけではないので，タンパク質に遺伝能があるということにはならない．

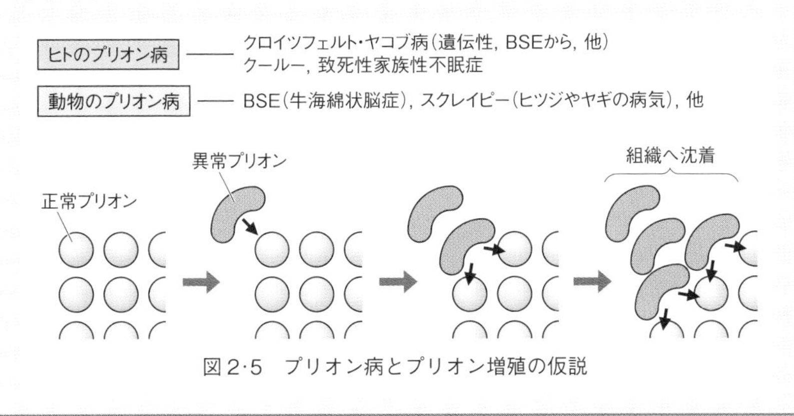

図 2·5　プリオン病とプリオン増殖の仮説

2·4·4　遺伝子はタンパク質をつくる

ある種の変異アカパンカビがある種のアミノ酸合成酵素をもっていないことから，遺伝子は酵素をつくることが提唱された（**一遺伝子一酵素説**（one-gene-one enzyme hypothesis））．酵素はタンパク質なので，「一遺伝子一タンパク質説」ということになる．**鎌状赤血球貧血**（sickle cell anemia）という遺伝病では赤血球中の β-グロビンというタンパク質の特定アミノ酸が別のアミノ酸に変化し，その部分の DNA 構造／塩基配列も変化していた．この発見は遺伝子がタンパク質構造を決定することを証明した歴史的な出来事となった．「遺伝子はタンパク質をつくる」というのは，DNA が酵素のようにタンパク質合成を直接進めるのではなく，タンパク質の構造（アミノ酸配列）を決めている，つまり設計図になっている（これを

コード(code)［暗号化］するという）という意味である．ただし以上のような説明は遺伝子の古典的定義で，現在ではタンパク質をコードしない遺伝子も多数あることがわかっている．

Column

RNA 酵素「リボザイム」と RNA ワールド仮説

タンパク質だけでなく，RNA（3 章参照）の中にも酵素活性をもつものが存在する．この中には tRNA（転移 RNA）を限定分解する RN アーゼ P に含まれる RNA，リボソームを構成する rRNA の最大分子種のものがもつアミノ酸連結活性，スプライシング（5 章参照）反応をイントロン RNA 自らが行うなどの例がある．触媒能をもつ RNA を**リボザイム**(ribozyme)といい（注：リボは RNA から，ザイムは酵素［enzyme］から），事実 RNA は DNA に比べてはるかに反応性に富む．生命誕生時，最初は RNA が酵素と遺伝子の両方の役割をもっていたが（**RNA ワールド**(RNA world)），やがて酵素としては機能的により優れているタンパク質が，遺伝子としてはより安定な DNA が担うようになり，現在の DNA ワールドができたと推察される．

1. メンデルが行った実験を別の植物を使い，二つの形質で調べた．いずれの形質でも優性の法則と分離の法則は確認できたが，独立の法則は成立しなかった．この原因を考えなさい．
2. 赤い花が咲く植物の種から，一株だけ花の色の薄い個体が出現した．この個体が突然変異かどうかを調べる方法を考えなさい．突然変異でなかったら，どうしてそうなったかも考えなさい．
3. 挿し木で増えた植物個体は同一のクローンである．そうやって増えた 2 種類の個体のおしべとめしべを受粉させて複数の種(たね)を得たが，この種もやはり同一クローンか．

＜発展学習＞ 新しい遺伝学の理解のために

1 DNA，ゲノム，遺伝子

遺伝子は「形質発現にかかわるDNA領域」，分子生物学的には「RNAに転写される領域」である．生存に必須で染色体に含まれる遺伝子1セット分の全DNAを**ゲノム**（genome）というが，ゲノムには遺伝子間の隙間も含まれる．つまり遺伝子はDNAだが，DNAは必ずしも遺伝子ではない．「DNAはゲノム」も正しくはない．染色体外に，**プラスミド**（plasmid）という少数の遺伝子を含む小さなDNAが存在する場合があるが（細菌や酵母では一般的），これらは生存に必須ではないためゲノムではない．ミトコンドリアや葉緑体のDNAもそれをもつ生物のゲノムではない．

2 遺伝学と逆遺伝学

遺伝の研究ではまず注目する形質に関する変異体を見つけ出し，連鎖解析で遺伝子地図をつくったり，DNAを取り出して分析するなどの分子生物学的手法によって遺伝子を同定する．つまり，**遺伝学**（genetics）では変異体が遺伝子発見の重要な手がかりとなる．この正統的遺伝学(**順遺伝学**（forward genetics）)に対し，まず細胞(生物)のDNAを破壊するか，DNAを人為的に導入し，その結果現れる形質から，そのDNAがもつ遺伝子を決める**逆遺伝学**（reverse genetics）という方法がある．分子生物学や発生工学などが進歩した現在，広く行われている．

3 後生的遺伝：DNA塩基配列によらない遺伝

DNAの塩基配列は同じでも別の形質が出る場合がある．この現象はDNA-タンパク質（ヒストン）複合体である**クロマチン**（chromatin）（5章）の修飾状態の違いによる．修飾にはDNAの化学修飾（シトシン塩基のメチル化など），あるいは**ヒストン**（histone）の化学修飾（アセチル化，メチル化など）と結合位置の変化（5章）があるが，修飾は細胞分裂後も維持され，配偶子にも伝達されうる．DNAの修飾は**遺伝的刷り込み**あるいは**ゲノム刷り込み**（genomic imprinting）(インプリンティング）の中心的なメカニズムと考えられており，動物のメスのX染色体のうちの1本が抑制されるなどの例がある．このような塩基配列によらない遺伝現象を，**後成的遺伝**（epigenetics）という．

4　クローン

クローン(clone)とは遺伝的同一性を表す遺伝学用語である．1個の受精卵に由来する双子（一卵性双生児）は同一クローン（つまりクローン人間）である．純粋系統から通常の交配で生まれた個々の子供は，いくら似ていても別々のクローンである．これは個々の精子や卵のゲノム構造が異なるためである（☞配偶子ゲノムは減数分裂時の相同染色体間の組換えでつくられるため）．無性生殖，つまり体の一部からできた個体は，元の個体と同一クローンである（例：挿し木で増えた植物や，ちぎれた腕から個体になったヒトデ）．核を注入された細胞からできた個体も，核を供給した元の個体と同一クローンである（注：体細胞クローンという．クローンヒツジのドリーなど）．

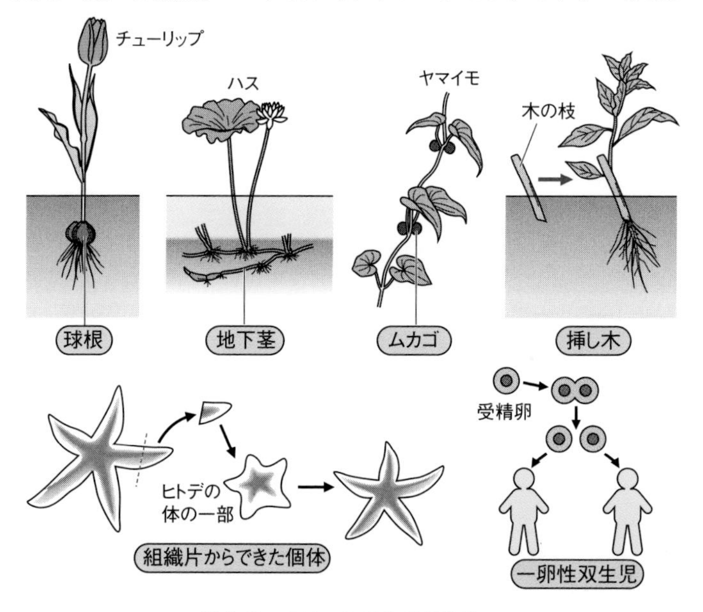

図2·6　クローンで生きる生物

解説

モザイクとキメラ

遺伝的に異なる細胞を多細胞生物の体内に入れて存続させることができる．遺伝子型を異にした2種類以上の細胞から成り立つ個体で，一対の親に由来する場合を**モザイク**，二対以上の親に由来するものを**キメラ**（chimera：頭がライオン，体がヒツジ，尾がヘビという想像上の動物）という（例：臓器移植を受けたヒト）．

3 細胞とそこに含まれる物質

生物は細胞膜で包まれた細胞を単位とし，細胞内に多くの細胞小器官をもつ．細胞が集合して組織や器官が形成され，それらが集まって個体が形成される．細胞には多くの物質が含まれるが，その大部分は炭素を含む有機（化合）物で，この中には糖質，脂質，タンパク質，核酸など多様な分子があり，あるものは小さな分子が多数結合した高分子である．DNA は二重らせん構造をもつ繊維状高分子で核内にあり，遺伝子として機能する．

3・1 生物の基本単位：細胞

3・1・1 細胞説

フック（R. Hooke）による顕微鏡を使ったコルク細胞の観察，それが**細胞**（cell：小さい部屋の意味）を見た最初である．その後**レーウェンフック**（A. van Leeuwenhoek）により微生物の存在も認識され，やがてシュワンやシュライデンが，生物個体は細胞からなるという**細胞説**（cell theory）を提唱した．細胞をもつことは，生物としての必須条件である．1 個あるいは複数の細胞からなる生物をそれぞれ**単細胞生物**（unicellular organism），**多細胞生物**（multicellular organism）という．

3・1・2 細胞の大きさと形

細胞（cell）はおよそ 10 μm（マイクロ）から 1 mm の範囲の大きさをもち（1 μm は 1 mm の千分の 1），肉眼では見えないほど小さいが，動物の卵や神経細胞などのように数 cm ～数十 cm という例外的に大きなものもある．細菌の細胞はより小さく，大きさは約数 μm である．細胞の形は千差万別で，筋肉のような細長いもの，腸粘膜細胞のように表面積を広げるために多数の突起をもつもの，遊泳のための鞭（べん）毛をもつもの（精子細胞やある種の単細胞生物），そして多数の細かな毛（繊（せん）毛）をもつものなどがある．

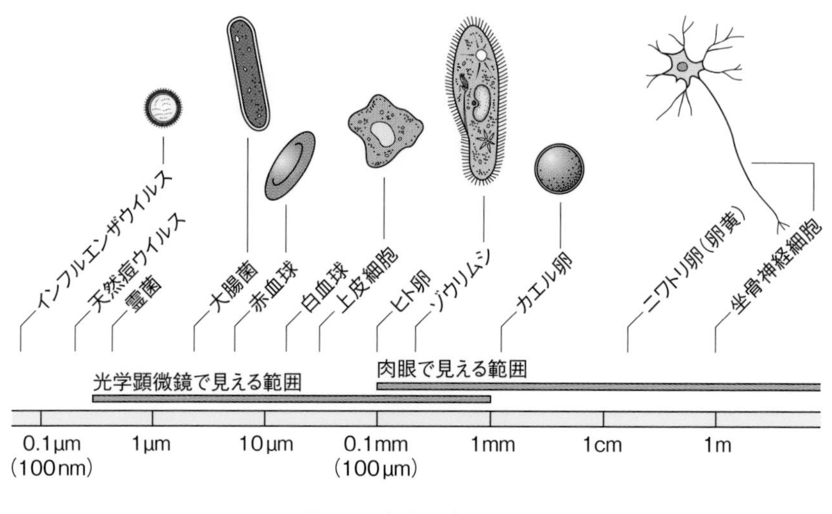

図3·1　細胞の大きさ

3·2　細胞膜と細胞質

3·2·1　細胞膜の構造：脂質二重膜

細胞内の物質を**細胞質** (cytoplasm) といい，周囲を**細胞膜** (cell membrane) で包まれている．細胞膜は水に溶けないリン脂質からできているが，リン脂質は親水性部分を外に，疎水性部分を内側にした二層構造になっている（**脂質二重膜** (lipid bilayer membrane)）．この性質のため水や水に溶けている物質は膜を通過できず，他方酸素のような気体や脂溶性分子は細胞膜を通過する．細胞膜のところどころにはモザイク画のパーツのようにタンパク質が埋め込まれており，また脂質には流動性があるため，細胞膜全体が平面的に移動している．この様子は**流動モザイクモデル** (fluid mosaic model)（モデル＝模型，仮説）と表現される．脂質二重膜にはコレステロールも含まれており，膜に硬さと弾力を与えている．

3·2·2　細胞外との情報の接点：膜タンパク質の役割

分子やイオンの細胞膜通過の大部分にはタンパク質が関与する．タンパク質の一つは**チャネル** (channel)（通路）で，弁のついた小孔のような構造をしている．チャネルには電位（細胞内外の電圧の差）に応じて穴が開閉するものや（例：カ

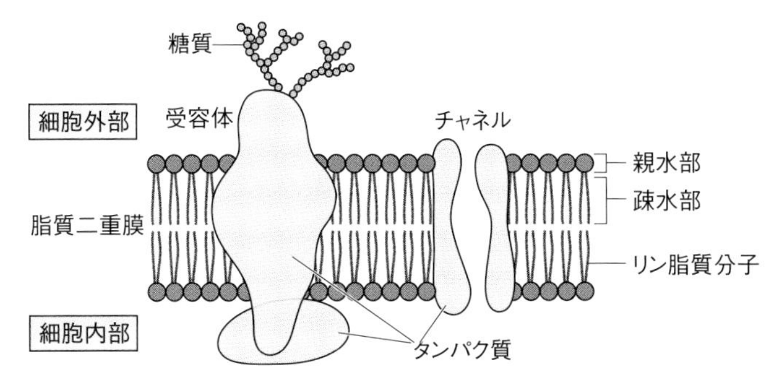

図 3·2　細胞膜の流動モザイクモデル

リウムイオンチャネル)，アミノ酸の結合により開閉するものもある．膜通過にかかわるもう一つのタンパク質は**膜輸送タンパク質** (membrane transport protein)（**担体タンパク質**ともいう）や**トランスポーター** (transporter)（例：グルコーストランスポーター）で，**ポンプ**（例：ナトリウムポンプ）にも類似の作用がある．膜での物質移動には濃度に逆らって輸送されるエネルギー要求性の**能動輸送** (active transport) と濃度に従って移動する**受動輸送** (passive transport)（**拡散** (diffusion)）がある．細胞膜タンパク質が細胞外物質と結合し，その情報が細胞内に伝わる場合，そのタンパク質を**受容体** (receptor) という（例：ホルモン受容体，感覚器受容体）．細胞膜タンパク質の中には，分子認識にかかわる糖鎖が結合しているものもある．

3·2·3　細胞膜の流動性に基づく物質輸送

細胞膜が内部にくびれ，それが袋（**小胞** (vesicle)）となって細胞質内に入る場合がある（**エンドサイトーシス**）．特に大きな粒子や細胞を取り込む場合は**ファゴサイトーシス** (phagocytosis)（**貪食**（どんしょく））, 液体などを取り込む小さくて長いものは**ピノサイトーシス** (pinocytosis)（**飲作用**）という．前者は，白血球が異物を取り込むときにみられる．こうしてできた小胞（エンドソームやファゴソーム）にリソソームが融合し，小胞中の物質がリソソーム内の酵素で消化される．上とは逆に，細胞内にある小胞が細胞膜と融合することで顆粒内の物質（例：ホルモン，酵素）が細胞外に放出される機構もあり，**エキソサイトーシス**という．細胞内のタンパク質や細胞小器官がリソソームを介して分解処理される現象は**オートファジー** (autophagy)（**自食**（じしょく））といわれる．

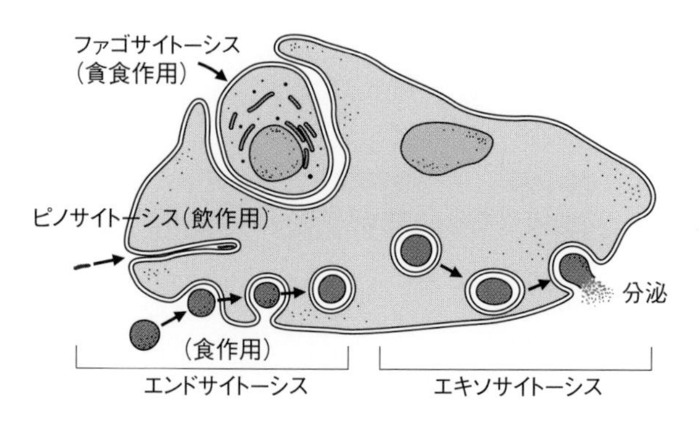

図3·3　細胞膜の運動性による物質の取り込みと排出

3·2·4　細胞質と顆粒

細胞質はゾル状で約7割は水だが，そこに糖類，アミノ酸，タンパク質，ビタミン，ミネラル（塩類）などが溶けている．細胞質は内部で流動しているが（**原形質流動**），これは物質を細胞の隅々まで運ぶために必要な現象で，ミオシンなどの**モータータンパク質** (motor protein) がATPの加水分解で発生するエネルギーを利用して起こる．分子量100万（3·5節参照）以上の巨大タンパク質は時として電子顕微鏡で見える顆粒として存在する．細胞内の主な顆粒に，タンパク質の合成にかかわる**リボソーム** (ribosome)（注：小胞体表面にもある）や分解にかかわる**プロテアソーム** (proteasome) などがある．

解 説　**ゾルとゲル**

高分子物質が水に溶けて分散系として存在し，流動性のある状態を**ゾル** (sol) といい，流動性を失い，内部に水を含んで固化したものを**ゲル** (gel)（例：固まったゼラチンや寒天，ゆで卵）という．細胞質はゾルであり，**サイト**［**細胞の**］**ゾル**ともいわれる．

3·3　細胞内の構造

3·3·1　細胞小器官

細胞質には膜で包まれた**細胞小器官（オルガネラ）** (organelle) が多数存在する．

a. 核 (nucleus)：核は10 μm程度の球形の小器官で，細胞に一つだけあり，中に遺伝子がDNAの形で存在する染色体を含む．核質の周囲を核膜が包んでいる

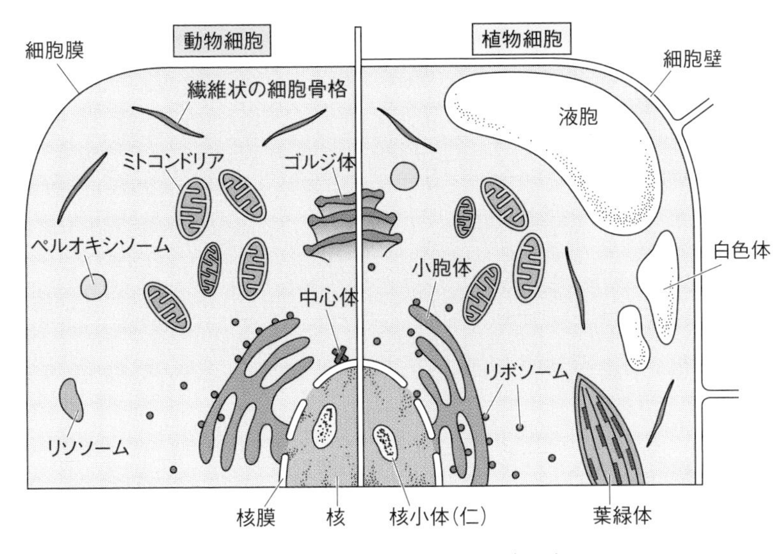

図 3·4　真核細胞の内部構造と細胞小器官

が，その表面には多数の穴（**核膜孔／核孔**）が開いており，物質がそこを通って出入りする．分子量 2 ～ 3 万以下の分子は自然拡散により，それより大きな分子はインポーチンやエクスポーチン（それぞれ核への移入と核からの排出にかかわる）などのタンパク質と GTP などの高エネルギー物質の助けによって核膜孔を通過する．
nuclear pore

b. 小胞体：**小胞体**は核を取り囲む迷路のような袋状構造で，小胞体表面のリボソームによって合成されたタンパク質の修飾や品質管理の働きがある．**小胞輸送**（千切れて顆粒となった小胞体が，中に物質を含んだまま細胞内を移動する現象）によりタンパク質がゴルジ体などに輸送される．
endoplasmic reticulum / vesicular transport

c. ゴルジ体（ゴルジ装置）：**ゴルジ体**はタンパク質を加工（切断や化学修飾：リン酸化や糖付加など）する装置である．湾曲した扁平で袋状のものが数枚重なった構造をもつ．小胞体から運ばれたタンパク質がここで加工され，その後小胞輸送により細胞の必要な部分に送られたり（注：トランスゴルジネットワークという構造がかかわる）細胞外に分泌されたりする．細胞膜や細胞小器官の膜構造の形成にもかかわる．
Golgi body

d. ミトコンドリア：**ミトコンドリア**は糸状～球状という多様な構造をも
mitochondria

ち，内部にヒダ状の内膜がある．自前の DNA をもって複製する．酸素を使って好気呼吸を行い，高エネルギー物質 ATP を生産する（4 章参照）．アポトーシス誘導にも関与する．

e. ペルオキシソーム：**ペルオキシソーム**(peroxisome)は**ミクロボディー**(microbody)ともいう小型の器官である．カタラーゼなどの酵素を含み，細胞内で生ずる有害な過酸化物などを分解する．脂肪酸化酵素を含み，熱生産にもかかわる．

f. リソソーム：**リソソーム**(lysosome)は多数の消化酵素を含み，細胞内の不要タンパク質の細胞内消化にかかわり，**食胞**(phagosome)（**ファゴソーム**：3•2•3 項）と融合することにより異物処理や自己融解にもかかわる．植物にみられる類似構造の**液胞**(vacuole)は，不要代謝産物の蓄積や細胞内の水分調節にかかわる．

g. 色素体：植物や藻類にはいくつかの**色素体**(plastid)があるが，起源は同じと考えられる．**葉緑体**(chloroplast)は**葉緑素**(chlorophyll)（**クロロフィル**）をもって光合成を行い（11 章），内部に DNA をもち，細胞内で複製する．**有色体**(chromoplast)はカロテノイド（ニンジンの赤い色）などの色素を含む．**白色体**(leukoplast)はダイコンの根の細胞などにみられる構造で，色素はもたず，デンプンなどの貯蔵場所になる．

解説

中 心 体

中心体(centrosome)は動物細胞と藻類，シダ類，コケ類の精細胞内にみられる．核のそばの交差する一対の棒状構造で，細胞分裂時に複製し，両極に移動して**星状体**(aster)となる．染色体を引っ張る紡錘体微小管繊維と結合する．

Column

細菌の細胞

細菌(bacteria)には細胞小器官がない．核もなく，代わりに染色体 DNA が凝集した**核様体**(nucleoid)がある．細胞膜の外側には硬い細胞壁があるが，細菌によっては運動にかかわる**鞭毛**(flagellum)，付着にかかわる**繊毛**(pillus)，細胞壁の外の粘液質の**莢膜**(capsule)をもつもの，環境が悪化すると内部に**胞子**(spore)（**芽胞**）をつくるものもある．**マイコプラズマ**(mycoplasma)という種類の細菌には細胞壁がない．**リケッチア**(rickettsia)（発疹チフスなどの病原体）や**クラミジア**(chlamydia)（トラコーマなどの病原体）に属する細菌は細胞が極端に退化しており，他の生物の細胞内でしか増殖できない（かつてはウイルスと細菌の中間の生物と思われていた）．

3·3·2　細胞骨格タンパク質

細胞には**細胞骨格**（cytoskeleton）を形成する複数のタンパク質があり，細胞の形態維持，運動，細胞内情報伝達にかかわる．細胞骨格タンパク質は三つに分類される．最も細い**ミクロフィラメント**（microfilament）は**アクチン繊維**（actin fiber）で，細胞運動や細胞形態維持にかかわる．やや太いものは**中間径フィラメント**（intermediate filament）といい(ケラチンやデスミン)，細胞中に張り巡らされている．最も太い**微小管**（microtubule）は**チューブリン**（tubulin）からなる中空の繊維で，細胞分裂時の染色体牽引もこの繊維が行う．細胞の形態維持や運動にはこれらタンパク質の凝集と分散（＝**ゾル - ゲル転換**（sol-gel transition））がかかわる．

3·4　多細胞生物の構築

3·4·1　組織と器官

多細胞生物の細胞は無秩序に集まっているのではなく，様々な階層で物理的，機能的に関連し合っている．同一機能・形態をもつ細胞が集まった状態を**組織**（tissue）という（例：上皮組織，筋組織）．組織は発生過程で分化増殖した細胞集団である．複数の組織が揃って一つの目的を遂行する場合，それを**器官**（organ）というが（例：胃，小脳，卵巣），個々の器官が集まり，さらに高次の器官あるいは**器官系**（organ system）が構成される（例：口−食道−胃−小腸−大腸−肛門で消化器官という）．多細胞生物個体は器官や組織の機能的集合体である．

3·4·2　細胞の接着と細胞間情報連絡

組織は密に接着していて簡単にはバラバラにはならず，また別種細胞が一つの組織をつくることもない．細胞膜には**カドヘリン**（cadherin）やネクチンといった**細胞接着分子**（cell adhesion molecule）（CAM）があり，細胞外部分が自分自身と結合する．細胞によりタンパク質が異なるため同種の細胞同士しか相互作用しない．細胞と基質（基盤となる物質）の接着には**インテグリン**（integrin）という別のタンパク質が関与する．癌細胞はこのような拘束が弱いため，容易にバラバラになったり，異種組織中でも増殖できる（☞癌の転移と関連がある）．細胞と細胞の間には密着結合やデスモソームなどの特殊な結合構造があり，細胞をより確実に接着し，細胞機能の付与にもかかわる．

1 2 3 4 5 6 7 8 9 10 11 12 13 14

3･5　細胞に含まれる分子

3･5･1　分子とは

物質は様々な**元素**(element)（酸素，鉛など）からなり，その種類を記号で表す（表3･1）．元素は**原子**(atom)という小さな粒子（☞ 10^{-9}m 前後）として存在する．原子は正（＋）の電荷をもつ**原子核**(atomic nucleus)と周囲を漂う**電子**(electron)（負［－］の電荷をもつ）からなるが，その構造は元素で異なる．電子は簡単に出入りし，原子は電気的性質をもつ**イオン**(ion)となる（イオン化）．異種あるいは同種の電気はそれぞれ引き合うか反発し合うが，これが**化学反応**(chemical reaction)の基盤となる．複数の原子が**共有結合**(covalent bond)（電子が複数の原子核に保持されることで，原子核間に強い引力が生ずる）で強く結合したものを**分子**(molecule)といい，貴ガス元素を除き物質の単位となる．異種原子からなる分子を**化合物**(compound)という．分子の大きさ／

表 3･1　元素記号

元素名	水素	ヘリウム	炭素	窒素	酸素	ナトリウム	硫黄	鉄	金	ウラン
元素記号	H	He	C	N	O	Na	S	Fe	Au	U
陽子数	1	2	6	7	8	11	16	26	79	92
原子量*	1	4	12	14	16	23	32	56	197	238

*単位はない

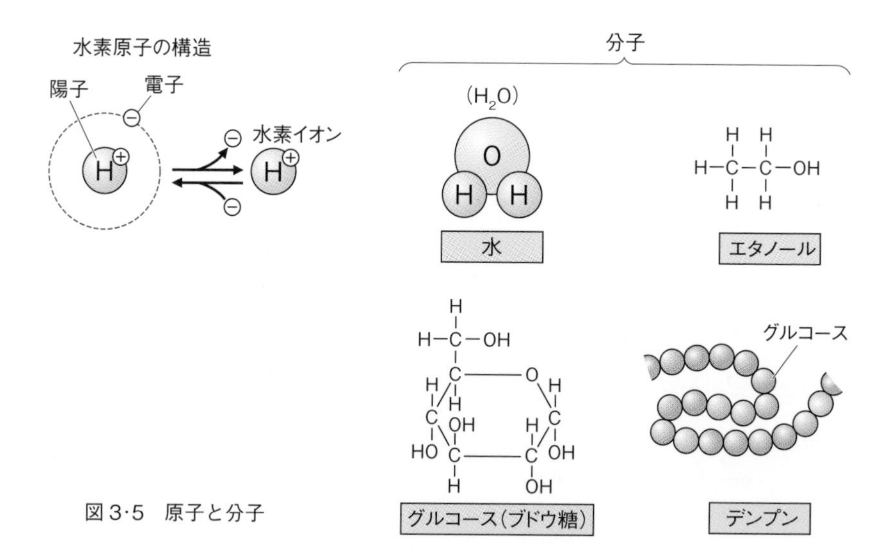

図 3･5　原子と分子

重さ（**分子量**(molecular weight)）は炭素原子（質量は 12 Da［**ダルトン**(dalton)］）の**原子量**(atomic weight) 12 を基準とした相対値で表す．塩類などの分子は水に溶けると正と負のイオンに分解（**解離**(dissociation)という）するが，溶けて水素イオンを出す物質を**酸**(acid)（その性質を**酸性**(acidic)），水素イオンを捕捉する物質を**塩基**(base)（その性質を**塩基性**(basic)）という．水に水素イオンが 1 × 10^{-7} モル / L（**中性**(neutrality)）（**モル**(mol)：1 モルは 6.02 × 10^{23} 個［**アボガドロ数**(Avogadro's number)］の分子数に相当する）より多く含まれる状態を酸性［pH 7 未満］，少ない状態を塩基性または**アルカリ性**(alkalinity)［pH が 7 より大きい］という．

解説

弱い結合力

分子の形をつくったり，緩い分子間相互作用に使われる電子の偏りに依存する**弱い結合力**(weak bond)には，イオン間相互作用，水素結合，疎水結合，ファン・デル・ワールス力がある．

3·5·2　有機物と生体分子

分子には炭素を含む**有機（化合）物**(organic (compound) substance)と含まない**無機（化合）物**(inorganic (compound) substance)がある．ただし単体の炭素や二酸化炭素［炭酸ガス］やシアン化水素などは無機物に入る．有機物は生物に関連して生成される．生体には糖質，脂質，タンパク質などの有機物と，塩類や金属，気体などの無機物が含まれる．分子量約 1 万以下の分子を**低分子**，それ以上のものを**高分子**(macromolecule)（あるいは**巨大分子**，［低分子が連なった］**重合分子**(polymer)）という（例：デンプン，DNA）．重合度の少ない重合分子を**小分子**(small molecule)という場合がある．

表 3·2　分子を分類する

分子 ― 複数の原子から構成される
- 同一の元素からなる：酸素（O_2），オゾン（O_3）
- 異種元素からなる［化合物］：水（H_2O）

有機物と無機物
- 有機物［炭素を含む化合物］：アミノ酸，DNA，メタン
- 無機物［炭素を含む少数の物質］：炭素単体，一酸化炭素，二酸化炭素
  - ［炭素を含まない物質］：塩化ナトリウム，硫酸アンモニウム

低分子と高分子
- 低分子［分子量の小さな分子．おおむね 1 万以下］：リボース，ATP
- 高分子［低分子が多数連なった重合分子］：RNA，タンパク質，デンプン

Column

水：生命を育む分子

水は物質をよく溶かし，溶けた分子は積極的に化学反応に関与する．また温度変化しにくいので体温を保つのに有利である．水は小さな分子であるにもかかわらず，常温・常圧で液体状態を保てる例外的な分子である（同じくらいの大きさの分子エタンは気体である）．これらの現象は水分子に電気を帯びる性質があり，それにより互いに水素結合で引き合うために生まれる．水のこのような性質により，生命が地球に生まれ育ったと想像される．

water

3・5・3 糖 質

糖質(sugar)または糖は主にエネルギー源として使われる．炭素・水素・酸素からなり，水に溶ける．炭素が5個（例：リボース）と6個（例：**グルコース**(glucose)［**ブドウ糖**］，**フルクトース**(fructose)［**果糖**］）が一般的で，特にグルコースは主要なエネルギー源となる中心的な糖である．これらの基本形の糖を**単糖**(monosaccharide)という．単糖が2～数個結合したものを**オリゴ糖**(oligosaccharide)（少糖）といい，**スクロース**(sucrose)（［**ショ糖**，砂糖］：グルコース - フルクトース），**マルトース**(maltose)（**麦芽糖**：グルコース - グルコース．水飴の成分）などがある（**オリゴ**(oligo)は少数の意）．単糖や二糖には

表3・3 糖と脂質の種類

糖	
単 糖	五炭糖（リボース，デオキシリボース） 六炭糖（グルコース，フルクトース，マンノース） 多くの糖の誘導体（グルコサミン，グルクロン酸）
少 糖	二糖（マルトース，スクロース，ラクトース） 三糖
多 糖	ホモ多糖（デンプン，セルロース，グリコーゲン） ヘテロ多糖（コンドロイチン硫酸），複合糖質（プロテオグリカン）
脂質	
脂肪酸	パルミチン酸，リノール酸，アラキドン酸
単純脂質	脂肪（中性脂肪），ロウ
複合脂質	リン脂質：ホスファチジルコリン，ホスファチジルセリン 糖脂質：グリセロ糖脂質，スフィンゴ糖脂質
ステロイド	コレステロール，性ホルモン，副腎皮質ホルモン
その他	ビタミンD，ビタミンA，レチノイン酸
結合脂質	リポタンパク質，プロテオリピド，リポ多糖

甘みを示すものが多い．多糖は高分子で，**ホモ多糖**（homopolysaccharide）の**セルロース**（cellulose）や**デンプン**（starch）はグルコースの重合体である．多糖にはこの他にも**ヘテロ多糖**（heteropolysaccharide）や糖に糖以外の分子が結合した**複合糖質**（complex carbohydrate）が多数存在する．

3·5·4　脂　質

有機溶媒に溶ける物質を**脂質**（lipid）という．長い炭素鎖の先に酸の性質を示す原子団をもつものを**脂肪酸**（fatty acid）という（例：サラダ油に含まれるリノール酸やリノレイン酸）．グリセロールに脂肪酸が結合したものを**中性脂肪**（neutral fat）といい，動物の皮下や植物の種子などに蓄えられる．脂質にはこのほか**コレステロール**（cholesterol）や性ホルモンの成分である**ステロイド**（steroid）と呼ばれる種類の分子もある．脂質はエネルギー源，調節因子，細胞膜の成分などとして使われる．

3·6　アミノ酸とタンパク質

3·6·1　アミノ酸とその重合体：タンパク質

塩基性のアミノ基と酸性のカルボキシ基を含む分子を**アミノ酸**（amino acid）といい，窒素を含む．タンパク質の材料となるアミノ酸は表3·4に示す20種である．アミノ酸は酸性，塩基性，両方の性質を示しうるが，周囲のpHにより様々な荷電状態（電気的性質）に変化する．アミノ酸の種類により水への溶けやすさも異なる（親水性と疎水性）．アミノ酸は大きさ，電気的性質，溶解度がそれぞれに異なるので，その重合体であるタンパク質の性質もすべて異なる．アミノ酸が遺伝情報に従って連結したものを**ペプチド**（peptid）というが，アミノ酸が数十個以上連なった**ポリペプチド**（polypeptide）（**ポリ**は多数の意味）が正しい構造をとったもの，それが**タンパク質**（protein）である．アミノ酸同士の結合様式を**ペプチド結合**（peptide bond）という．タンパク質は生命活動の主要分子で多様な働きを示し，分子量は数千から数十万と様々で，種類は遺伝子数より多い．

解 説　**タンパク質をつくるアミノ酸の特徴**

アミノ酸は光屈折性の違いによりD型とL型の鏡像異性体（光学異性体）に分けられるが，タンパク質を構成するアミノ酸はすべてL型である．分子中の1個の炭素原子（α炭素）にアミノ基，カルボキシ基，アミノ酸特異的原子団（側鎖という）と水素が結合している．

表 3·4　タンパク質構成アミノ酸とそれを指定するコドン

<table>
<tr><th rowspan="2">第1字目</th><th colspan="4">第2字目</th><th rowspan="2">第3字目</th></tr>
<tr><th>U</th><th>C</th><th>A</th><th>G</th></tr>
<tr><td rowspan="4">U</td><td rowspan="2">フェニルアラニン</td><td rowspan="4">セリン</td><td rowspan="2">チロシン</td><td rowspan="2">システイン</td><td>U</td></tr>
<tr><td>C</td></tr>
<tr><td rowspan="6">ロイシン</td><td>×</td><td>×</td><td>A</td></tr>
<tr><td>×</td><td>トリプトファン</td><td>G</td></tr>
<tr><td rowspan="4">C</td><td rowspan="4">プロリン</td><td rowspan="2">ヒスチジン</td><td rowspan="4">アルギニン</td><td>U</td></tr>
<tr><td>C</td></tr>
<tr><td rowspan="2">グルタミン</td><td>A</td></tr>
<tr><td>G</td></tr>
<tr><td rowspan="4">A</td><td rowspan="3">イソロイシン</td><td rowspan="4">トレオニン</td><td rowspan="2">アスパラギン</td><td rowspan="2">セリン</td><td>U</td></tr>
<tr><td>C</td></tr>
<tr><td rowspan="2">リシン</td><td rowspan="2">アルギニン</td><td>A</td></tr>
<tr><td>メチオニン</td><td>G</td></tr>
<tr><td rowspan="4">G</td><td rowspan="4">バリン</td><td rowspan="4">アラニン</td><td rowspan="2">アスパラギン酸</td><td rowspan="4">グリシン</td><td>U</td></tr>
<tr><td>C</td></tr>
<tr><td rowspan="2">グルタミン酸</td><td>A</td></tr>
<tr><td>G</td></tr>
</table>

20 種類のアミノ酸を遺伝コード（6 章）と共に示した．
コドンが（AUG, DNA 上では ATG）という順番であればメチオニンを指定（コード）する．
×はどのアミノ酸もコードしないコドンで終止コドンとして使われる．

3·6·2　タンパク質の立体構造

タンパク質のアミノ酸配列を**一次構造**（primary structure）という．ペプチド鎖は局所的にらせん状，ヒダ状，ループ状といった**二次構造**（secondary structure）をとり，それが集まり，全体が球状に折りたたまれた**三次構造**（tertiary structure）をとる（注：絹タンパク質のフィブロインのような繊維状タンパク質もある）．三次構造の形成にはシステインなどの中にある硫黄原子同士の共有結合（**ジスルフィド結合**（disulfide bond））も関与する．三次構造はペプチド鎖が最も安定になるように自発的に形成されるが，細胞にはこの折りたたみをほどいたり促進したりするタンパク質「**分子シャペロン**（molecular chaperone）」が存在する．複数のペプチド鎖がゆるく結合したタンパク質の全体構造を**四次構造**（quaternary structure）といい，その中の各タンパク質を**サブユニット**（subunit）という．二～四次構造を合わせて**高次構造**（higher-order structure）という．この高次構造が熱，金属，有機溶媒，pH，水素結合切断試薬（尿素など）などで壊れることをタンパク質の**変性**（denaturation）といい，タンパク質としての機能が失われる．

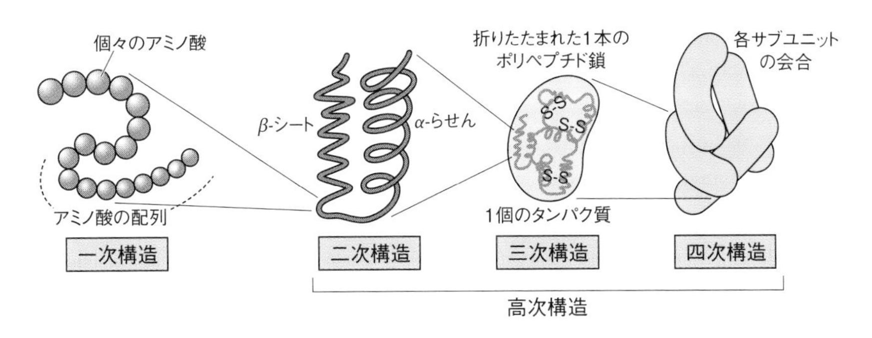

図3·6　タンパク質の立体構造

3·7　ヌクレオチドと核酸

3·7·1　核酸：RNA と DNA

核酸 nucleic acid にはデ**オキシリボ核酸** deoxyribonucleic acid（DNA）と**リボ核酸** ribonucleic acid（RNA）の 2 種類があり，主要四元素（C, H, O, N）のほかにリンを多量に含む．DNA や RNA が酸性の性質を示すのはリン酸基をもつためである．DNA は核に含まれ（注：ミトコンドリアや葉緑体にも少量ある），遺伝情報をもつ．巨大な分子で，動物のゲノムの場合，分子量は 1 兆にも及ぶ．一方 RNA は DNA から転写されてつくられ，核にもあるが細胞質に多い．RNA には様々な種類や大きさ（分子量は数千～ 1 千万）のものがあり，機能も多様である（6 章参照）．

3·7·2　DNA はヌクレオチドの重合した巨大分子

DNA は**ヌクレオチド** nucleotide が重合した分子であるが，ヌクレオチドは**塩基** base に五単糖の**デオキシリボース** deoxyribose（2 位 OH が H となっている）が結合したヌクレオシドに**リン酸基** phosphate group が 1 ～ 3 個結合した構造をもつ．RNA も類似の構造をもつ．塩基には**プリン塩基** purine base（**アデニン** adenine と**グアニン** guanine）と**ピリミジン塩基** pyrimidine base（**シトシン** cytosine と**チミン** thymine）があるが，RNA ではチミンの代わりに**ウラシル** uracil が，糖は通常の**リボース** ribose が用いられる．2 個のデオキシヌクレオシドは図 3•8 (A) のように 5′ 部分と 3′ 部分が**リン酸ジエステル結合** phosphodiester bond を介して結合するが（この分子の端は糖の 5′ にリン酸基，3′ に OH 基をもつ），こうして多数結合した**ポリヌクレオチド** polynucleotide が核酸である．以上のように核酸は 5′ 端と 3′ 端という特異的末端をもつ．

1 2 3 4 5 6 7 8 9 10 11 12 13 14

(A) ヌクレオチドの構成

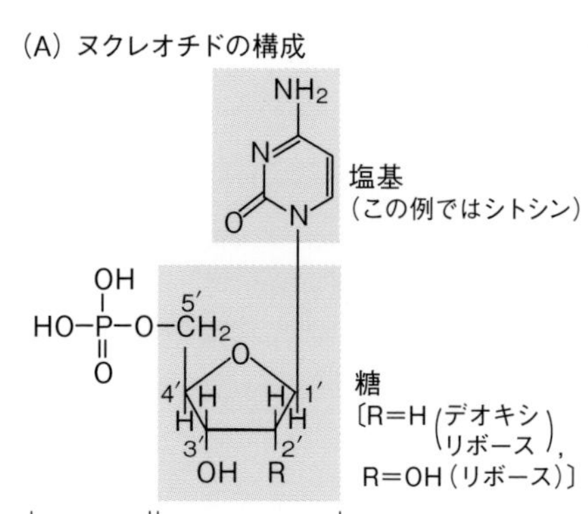

(B) 塩基とヌクレオシドの名称*

塩基	ヌクレオシド	
	糖	名称
プリン		
アデニン (A)	r	アデノシン
	d	デオキシアデノシン
グアニン (G)	r	グアノシン
	d	デオキシグアノシン
ピリミジン		
シトシン (C)	r	シチジン
	d	デオキシシチジン
ウラシル (U)	r	ウリジン
	d	デオキシウリジン
チミン (T)	d	(デオキシ) チミジン

r＝リボース
d＝デオキシリボース
*アデノシンにリン酸が 3 個付くと，アデノシン三リン酸 (ATP) となる．

(C) 様々な塩基の構造

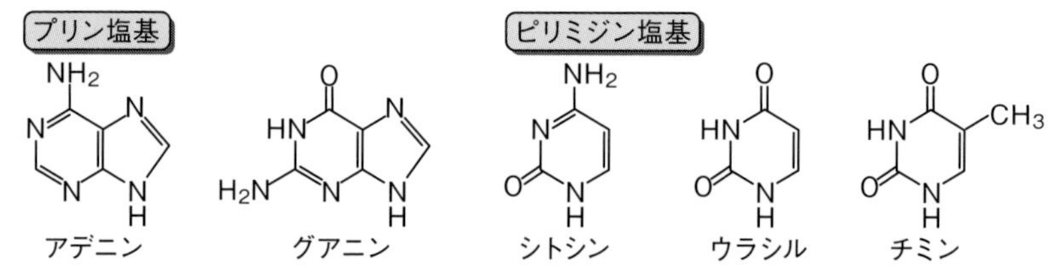

図 3·7　DNA の構成単位とヌクレオチド

3·7·3　DNA は二重らせん構造をしている

遺伝子構造研究の黎明期，まず**ウィルキンズ** (M. Wilkins) により DNA 鎖が 2 本で 1 組であることが発見され，さらに**シャルガフ** (E. Chargaff) が塩基組成の規則性を見出した (「**シャルガフの規則** (Chargaff's rule)」アデニンとグアニン，シトシンとチミンの比，あるいはアデニンとチミン，グアニンとシトシンの比は常に 1:1 など)．これらの知見をふまえ**ワトソン** (J. Watson) と**クリック** (F. Crick) は DNA の二本鎖が塩基を内側に結合し，全体として右巻きのらせん状になっているという DNA **の二重らせんモデル** (double helix model) を提唱した．彼らは塩基の配列が遺伝情報を含むと推定したが，事実その通りであった．塩基同士は水素結合でゆるく結合し，その組合せはシャルガフの規則から導かれたように，アデニンにはチミン，グアニンにはシトシンであった．一つの塩基 (☞ 配列) が決まれば相手側の塩基 (☞ 配列) も

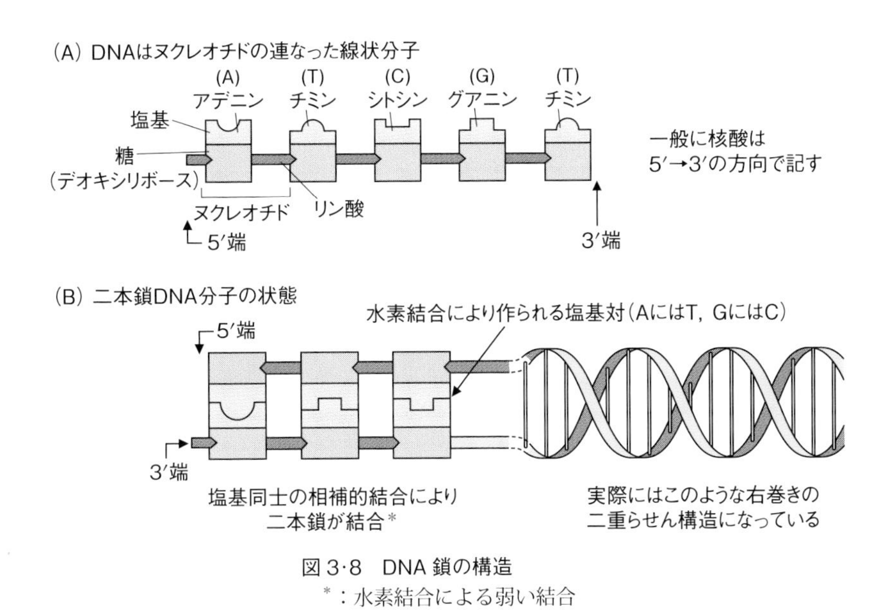

図 3·8　DNA 鎖の構造
*：水素結合による弱い結合

決まるこの性質を，塩基配列（あるいは塩基対）の**相補性**(complementation)という．

3·7·4　DNA の変性と超らせん構造

DNA 二重鎖の結合は緩いので熱すると簡単に一本鎖になるが(☞ 変性)，それをゆっくり冷やす（**アニーリング**(annealing)［焼き鈍(なま)し］）と元の塩基対が復活して二本鎖に戻る．変性は水素結合を壊す尿素などの試薬でも起こり，また細胞内には DNA 変性を促進する酵素（**DNA ヘリカーゼ**(DNA helicase)）が存在する．天然の DNA はらせんの巻数が理論値（10.5 塩基対／回転）よりわずかに少なく，DNA は安定化しようとして全体が右にねじれる負の**超らせん**(superhelix)という構造を

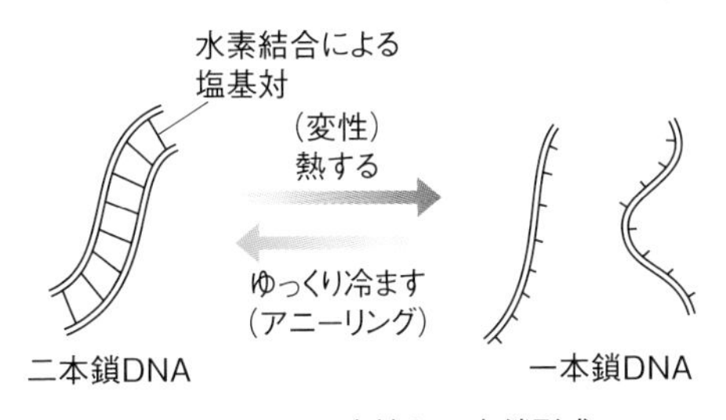

図 3·9　DNA の変性と二本鎖形成

とる．複製や転写が進んで行く方ではらせんが増え，正の超らせんができてそれ以上反応が進まず，一方，複製したばかりのDNAは積極的にらせんになる必要がある．細胞にはDNAの切断と再結合でこのような不都合を解消させる酵素（**DNAトポイソメラーゼ** DNA topoisomerase）が存在する．

解説

らせんにはエネルギーが蓄えられる

超らせんは上述のような不利な点もあるが，巻かれたゴムのようにエネルギーを蓄積でき，それがDNAのかかわる反応の原動力になるという利点もある．

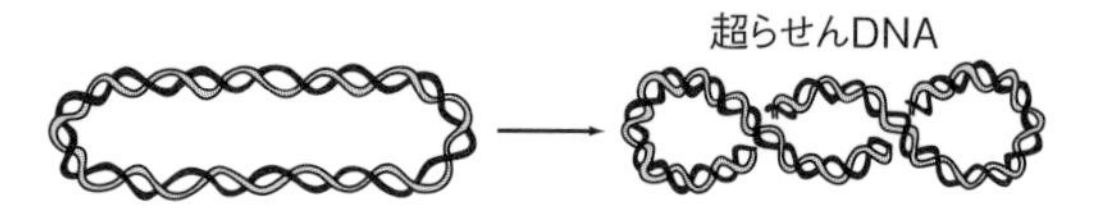

図3·10　DNAの超らせん構造

環状DNA（左）は右のような超らせん型になりやすい．右図は右巻きにねじれる**負の超らせん構造** negative supercoil を示す．

Column

生物のような振る舞いをみせる感染性の核酸

核酸が殻に包まれている**ウイルス** virus は細胞に感染後細胞を殺して多数の子ウイルスをつくり，生命体のような性質を示す．**ウイロイド** viroid は植物に病気を起こすRNAだが殻はもたない．**プラスミド** plasmid は染色体外の小さなDNAやRNAで，細菌を殺す薬に対する抵抗性など，細菌に有利な形質を現すため細菌から排除されず，細菌と共存する（注：他の細菌に移動しやすく，院内感染菌発生の原因ともなる）．感染性DNAの中には細胞の染色体上を動き回る**トランスポゾン** transposon という小型DNAも存在する．トランスポゾンは染色体とは無関係に転移，複製するため，利己的DNAと比喩される．

演習

1. 細胞は薄い細胞膜で包まれている．細胞に含まれる多くの物質は細胞膜を通って簡単に漏れ出たりはしないが，その理由はなぜか．
2. 有機物の中には高分子と呼ばれているものがいくつかある．高分子を遺伝情報をもつものともたないものに分け，それぞれどのようなものがあるかを答えなさい．

4 生命を支える化学反応

糖質，脂質，タンパク質などの栄養素は低分子に分解された後，様々な化学反応「代謝」を経て細胞成分やエネルギー源となるが，酵素はこの代謝をスムーズに進めるのに欠かすことができないタンパク質である．グルコースは分解されて二酸化炭素と水になるが，この過程で高エネルギー物質のATPが合成され，運動や物質合成などに使われる．エネルギーを生む代謝には，解糖系，クエン酸回路，電子伝達系などが含まれる．

4･1 栄養と代謝

4･1･1 栄養の摂取

生物は糖質, 脂質, タンパク質, そしてビタミンやミネラル（無機塩類など）などを**栄養素** nutrient factor として摂取する．**糖質** sugar は米や麦などから主にデンプンとして摂取され，腸管でグルコース（ブドウ糖）にまで分解／消化されてから吸収される．主に中性脂肪として摂取された**脂質** lipid はグリセロールと脂肪酸に分解されてから吸収される．**タンパク質** protein はアミノ酸に分解される．低分子となった栄養素は血液で全身に運ばれ，細胞活動の維持と進行，そして調節作用発揮などの目的に利用される．アミノ酸は遺伝子に従ってタンパク質に構築し直され，細胞の素材，酵素や調節物質などとして利用される．

4･1･2 生きるためにはエネルギーが必要

栄養素には**エネルギー源** energy source（あるいは**カロリー源** calorie source）としての重要な役割がある．生物は生きるためのエネルギーが必要であり，細胞はエネルギー源物質からエネルギーを取り出す反応を行っている．エネルギー源の中心は六炭糖の一つ**グルコース** glucose（3 章）である．グルコース合成にはエネルギーが必要であり（例：植物は光エネルギーを使用),「グルコースにはエネルギーが蓄えられている」と言い換えることができる．生物は細胞内でグルコースを分解

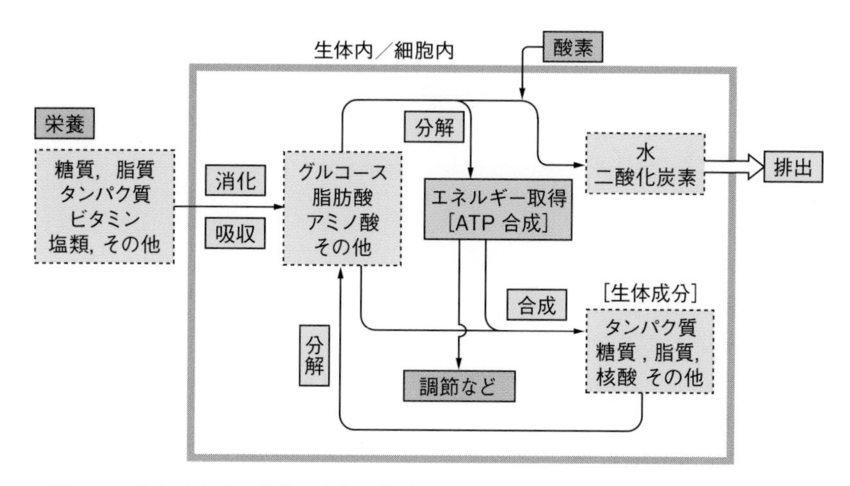

図 4·1　生きるための物質の変化：代謝
矢印は物質の移動，化学変化を示す．分解代謝を異化，合成代謝を同化ともいう．

することによりそこに蓄えられていたエネルギーを取り出し，それで生命活動を維持している．このことが生きていることにほかならない．

4·1·3　代　謝

生体内で起こる物質の化学変化を**代謝**（metabolism）といい，ある目的のために起こる代謝の連続を**代謝経路**（metabolic pathway）という．代謝の目的が物質をつくる場合を**同化**（anabolism）といい，分解であれば**異化**（catabolism）という．化学反応の中にはエネルギーを必要とするものとエネルギーを生み出すものがあり，前者を**吸エルゴン反応**（endergonic reaction），後者を**発エルゴン反応**（exergonic reaction）というが，前者は分子を結合させる反応に（例：グルコースからのデンプンの合成．DNA の合成），後者はその逆の反応（例：栄養素の消化）に多くみられる．化学反応ではないが，濃度差をつくったり（例：細胞内ナトリウムイオンを細胞外に汲み出すこと），分子を不自然に歪めるとき（例：DNA を超らせん構造にする [3 章]）にもエネルギーが要る．

4·1·4　化学反応の規則

代謝の原則も一般の化学反応と変わらない．**化学反応**（chemical reaction）では反応前と反応後の物質濃度の積の比は一定という規則がある．つまり「A + B → C + D」

という反応の場合，[A] × [B] と [C] × [D] の比は一定となる（注：[ ] は濃度を示す）．もし C や D の濃度が非常に高いと反応は逆に進むので，理論的に反応は正逆いずれの方向にも進むといえる．これを**質量作用の法則**（law of mass action）という．ただし生体では反応の平衡の偏りや酵素の性質により，実質的に一方方向の反応しか見えないという場合もある．化学反応には反応の前と後で各原子の数が変わらないという**質量保存の法則**（law of conservation of mass）もある．

4·2　酵　素

4·2·1　酵素は触媒能をもつタンパク質

化学反応は温度が高いほど速く進むが，生物は室温～体温で反応を進めなくてはならず，反応は通常進みにくい．しかしそれでも反応が滞りなく進むのは触媒能をもつタンパク質「**酵素**（enzyme）」があるためである．**触媒**（catalyst）は正逆の反応の平衡には影響を与えないが反応を進みやすくし，自身は反応の前と後で変化しない．化学工業では白金などの金属を触媒とし，数百℃，数百気圧などという条件で反応を起こすが，酵素は常温・常圧でも高い反応速度を可能にする．化学反応開始時には反応開始のきっかけとなる**活性化エネルギー**（activation energy）が必要だが（例：酸素と水素から水をつくる場合は熱する［水素を燃やす］），触媒にはこのエネルギーを下げる働きがある．

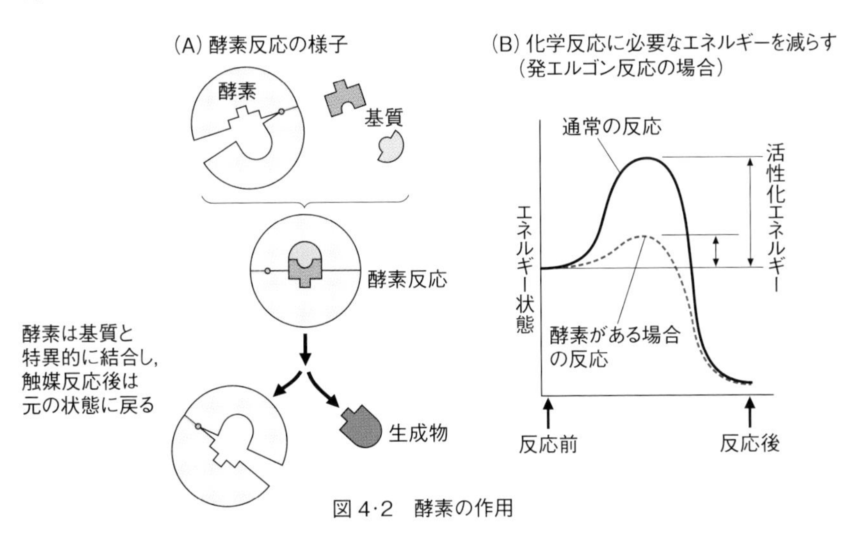

図 4·2　酵素の作用

4・2・2 酵素反応の特徴

触媒効率は温度が高いほどよいが，タンパク質が高温で活性を失うため，酵素反応に適した温度「**至適温度**（optimum temperature）」が存在する．生体で起こる反応の種類は非常に多く酵素の種類も非常に多いが，どの酵素がどの反応を触媒するかという**反応特異性**（reaction specificity）は厳密に決まっている．酵素反応によって変化を受ける分子を**基質**（substrate）というが，酵素がどの基質を利用するかは決まっており（「**基質特異性**（substrate specificity）」例：チロシンリン酸化酵素はチロシン以外のアミノ酸には作用しない），基質特異性は鍵と鍵穴の関係にたとえられる．逆反応が見られない場合のあるものは基質特異性で説明できる．生体反応はそれぞれが協調性をもって進められているが，酵素活性は特異的活性化因子や阻害因子により修飾され，酵素活性の調節はそのための重要な手段となる．

4・2・3 酵素の種類

酵素は反応形式により大きく 6 種類（**酸化還元酵素**（oxidoreductase）［酸素や水素を結合させるなど］，**転移酵素**（transferase）［化学基を他の分子に移動させる］，**加水分解酵素**（hydrolase）［水を用いて分子を分解させる］，**脱離酵素**（lyase）［水を使わず分子を分解する］，**異性化酵素**（isomerase）［分子構造を異性体に変換させる］，**合成酵素**（synthase）［エネルギー依存的に二つの分子を連結させる］）に大別される．酵素は「基質−反応の種類−ase［アーゼ］」（例：コリンアセチルトランスフェラーゼ：コリンにアセチル基を付ける酵素）と命名されるが，生成物の名を付ける場合（例：チロシル tRNA 合成酵素）や慣用名（例：カタラーゼ）が用いられる場合もある．同じ反応を触媒する酵素でも，一つの生物内に分子構造が異なるタンパク質：**イソ酵素**（isozyme）（**アイソザイム**）が存在する場合がある（注：それぞれは反応条件も異なる）．

4・2・4 補 酵 素

酵素反応に基質とは別の有機化合物，すなわち**補酵素**（coenzyme）が必要な場合がある．補酵素は基質からある化学基を受け取ったり与えたりする役割があり，運搬する基により様々な種類がある．FMN/FAD のような**フラビンヌクレオチド**（flavin nucleotide）や NAD/NADP のような**ピリジンヌクレオチド**（pyridine nucleotide）は酸

表 4·1　補酵素とビタミン

ビタミン	相当する補酵素	酵素反応	欠乏症
ビタミン B_1（チアミン）	チアミン，ピロリン酸	脱炭素	脚気，神経炎
ビタミン B_2（リボフラビン）	フラビンヌクレオチド（FMN，FAD）	酸化還元 脱水素	口角炎
ニコチン酸（ナイアシン）	ピリジンヌクレオチド（NAD，NADP）	酸化還元 脱水素	ペラグラ
パントテン酸	コエンザイム A	アシル基 CoA 合成 脂肪酸合成	皮膚炎
ビタミン B_6（ピリドキシン）	ピリドキサルリン酸	アミノ基転移 アミノ酸の脱炭酸	皮膚炎
葉酸	テトラヒドロ葉酸（THF，THFA）	核酸塩基の合成	貧血
ビタミン B_{12}	コバラミン	カルボキシル転移	貧血
ビタミン H	ビオチン	炭酸基関連反応	——

化還元反応における水素の受け渡しにかかわり，**補酵素 A**（**CoA**）はアシル基（アセチル［酢酸］基など）の運搬体となる．**ビタミン**（vitamin）は「栄養素の中でも微量で働き，代謝を円滑に進める有機化合物」と定義され，不足すると欠乏症（例:ビタミン C 欠乏は血が止まらない壊血病）を起こすものがあるが，そのいくつかは補酵素として作用する（例：アルデヒド基運搬体であるチアミンはビタミン B_1, フラビン［前頁］はビタミン B_2 であり，ピリドキサルリン酸［ビタミン B_6］はアミノ酸代謝にかかわる）．

4·3　グルコースからエネルギーを取り出す

4·3·1　解 糖 系

生体エネルギーはグルコースの異化による高エネルギー物質 ATP の合成という形で得られるが（4•4 節），これには解糖系，クエン酸回路，電子伝達系と酸化的リン酸化が関与する．まずグルコース（炭素 6 個，水素 12 個，酸素 6 個をもつ）にリン酸基が付き（注：リン酸基同士の結合には大きなエネルギーが含まれる），それが 2 個分のグリセルアルデヒド 3-リン酸に分割され，代謝されて**ピルビン酸**（pyruvic acid）となる．この経路を**解糖系**（glycolysis）（あるいは **EM 経路**（Embden - Meyerhof pathway））といい，酸素は関与しない．解糖系を経ることにより 1 モル（次頁：

解説）のグルコースから都合 2 モルの ATP が得られる．無酸素状態で増殖する酵母や，激しく動く筋肉（ピルビン酸は筋肉疲労の原因となる**乳酸**(lactic acid)に変化する）中ではこのような反応が起こっている．

解 説

モ　ル

モル(mol)は分子数の単位．1 モルは 6.02×10^{23} 個（**アボガドロ数**(Avogadro's number)）．分子量相当のグラム数で 1 モルになる（例：分子量 18 の水 1 モルは 18 g）．

4･3･2　ペントースリン酸回路

解糖系で最初にできるグルコース 6- リン酸(G6P)を元に，五炭糖(ペントース）であるリブロース 5- リン酸ができ，これが種々の反応を経て，解糖系にあるグリセルアルデヒド 3- リン酸とフルクトース 6- リン酸（F6P）になる．F6P は G6P に戻り，**ペントースリン酸回路**(pentose phosphate cycle)が形成される．この代謝回路は脂肪酸合成（4･6 節の d）に必須な補酵素である **NADPH** を合成し，核酸の材料である**リボース**(ribose)を供給するために重要である．エネルギー産生の解糖系に対し，材料をつくるための代謝といえる．

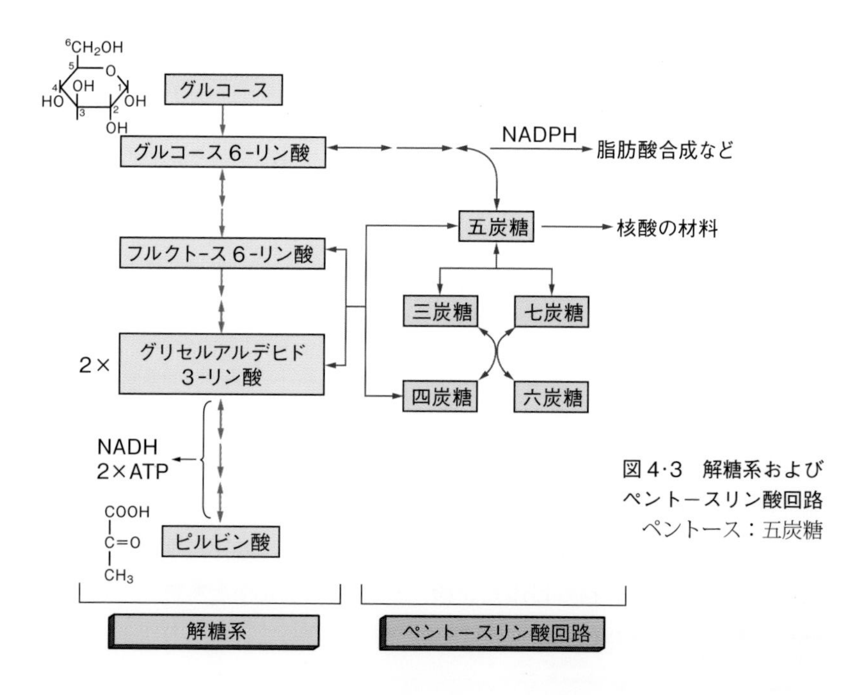

図 4･3　解糖系および ペントースリン酸回路
ペントース：五炭糖

4･3･3　発　酵

微生物のエネルギー代謝で，産物として有機物ができることを**発酵** fermentation といい，そのうちヒトに有害なものができることを**腐敗** putrefaction という．**アルコール発酵** alcohol fermentation は酵母（ビール酵母などの出芽酵母）などでみられるが，グルコースが解糖系を経由してピルビン酸になった後，アセトアルデヒド（ここで二酸化炭素が発生する），そしてエチルアルコールとなる．**乳酸発酵** lactic acid fermentation する微生物（ヨーグルトやチーズをつくる細菌など）はピルビン酸から乳酸をつくり，酢酸発酵をする微生物はエタノールからアセトアルデヒドを経て酢酸をつくる．

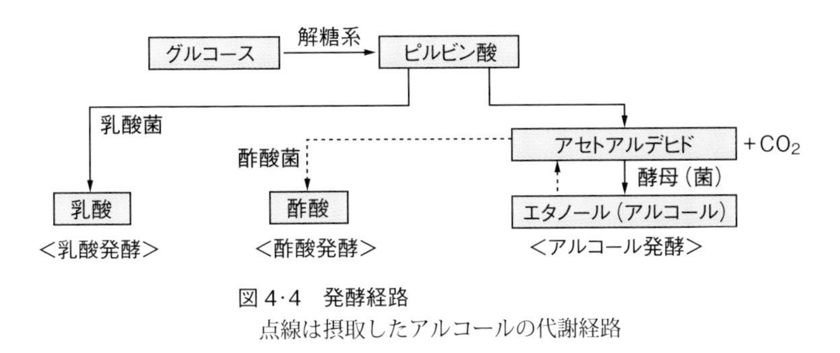

図 4･4　発酵経路
点線は摂取したアルコールの代謝経路

Column

アルコールもエネルギー源となる

エチルアルコールを摂取すると肝臓でアルコール→アセトアルデヒド→酢酸と代謝され，酢酸はアセチル CoA となってクエン酸回路（下記）に入りエネルギーを生む．摂取するデンプンを酒に変えることはエネルギー代謝の面からは可能である．酒の弱い人は有毒なアセトアルデヒド（悪酔いや頭痛の原因）を酢酸に分解するアセトアルデヒド脱水素酵素の活性が弱い．

4･3･4　クエン酸回路

解糖系でつくられたピルビン酸は酸素存在下では**ミトコンドリア** mitochondria に入って**アセチル CoA** acetyl coenzyme A となり，これがオキサロ酢酸と反応して**クエン酸** citric acid になる．クエン酸はいくつかの物質に変換されてオキサロ酢酸となるが，アセチル CoA があると再度クエン酸に戻る（**クエン酸回路** citric acid cycle．**TCA 回路** tricarboxylic acid cycle，**クレブス回路** Krebs cycle ともいう）．この回路で基質から除かれた炭素＋酸素は二酸化炭素として

1 2 3 4 5 6 7 8 9 10 11 12 13 14

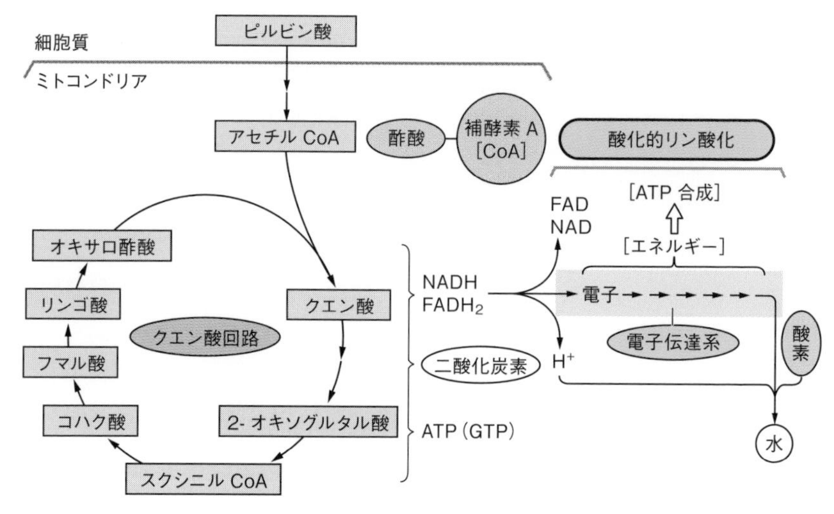

図 4·5　クエン酸回路と酸素呼吸
酸素呼吸でエネルギー物質 ATP がつくられ，水と二酸化炭素が放出される．

肺から大気中に排出される．一方，基質から除かれた水素は補酵素に受け渡されて NADH や $FADH_2$ となった後，ミトコンドリア内の**電子伝達系** (electron transfer system)（**呼吸鎖** (respiratory chain) ともいう）を経由し，酸素と結合して水になる．この過程で水素に蓄積されていたエネルギーが ATP 合成酵素による ATP 合成に使われる（**酸化的リン酸化** (oxidative phosphorylation)）（54 頁：発展学習参照）．解糖系〜クエン酸回路を経ることにより大量（32 モル）（注：古い教科書では 36 モルとしている）の ATP が産生されるが，これは解糖系の 2 モルに比べて格段に効率がよい．

解 説

グルコース異化の熱効率

1 モルの ATP が ADP に分解されると 7.3 キロカロリー（kcal）のエネルギーが放出される（1kcal は 1L の水を 1℃上昇させるエネルギー）ので，グルコースの完全分解で産生される 32 モルの ATP は 234kcal となる．グルコースの全エネルギーは 686kcal なので，細胞の利用効率は 34%となり，ガソリンエンジン（20 〜 30%）よりも効率がよい．

4·3·5　呼吸と燃焼：酸素の役割

エネルギーを得るための代謝を**エネルギー代謝** (energy metabolism) というが，一般的には

「**呼吸**」respiration という（注：化学的には基質の酸化）．細胞内で起こる呼吸を**内呼吸** internal respiration といい，肺から酸素を取り入れて二酸化炭素を出す呼吸：**外呼吸** external respiration（ガス交換ともいう）と区別される．内呼吸は酸素を用いる**好気呼吸** aerobic respiration（クエン酸回路と電子伝達系の組合せ）と用いない**嫌気呼吸** anaerobic respiration（解糖やアルコール発酵も広い意味ではここに含まれる）に分けられる．グルコースが酸素を使って完全異化され，水と二酸化炭素ができる反応の最初と最後だけ見てみると

グルコース＋酸素 → 二酸化炭素＋水＋エネルギー

となり，グルコースの「燃焼」と同じになる．このことからラボアジエは「呼吸は燃焼と同じ」と言ったが，厳密には正しくない．つまり呼吸で出る二酸化炭素は大気から取り込んだ酸素とは無関係であり，また酸素が基質水素を直接酸化するわけでもない．水素が酸素と直接結合するとエネルギーが急激に放出され，大部分が熱として逃げてしまう．細胞はエネルギーを少しずつ取り出し，その都度ATPを合成する．もし酸素がないと電子と水素原子の行き場がなくなり，電子伝達系が行き詰まってエネルギー産生は即座に止まってしまう．酸素は水素と電子の受け手として必要である．

解 説

酸化と還元

酸化 oxidation は酸素の結合や水素の離脱をいうが，化学的には電子の除去と定義される．酸化の逆反応を**還元** reduction といい，両者は同時に起こる（**共役** coupling）．水素が酸素で酸化されるとき酸素は水素で還元される．

4·4　生命活動におけるエネルギー通貨：ATP

生物は化学反応で得たエネルギーでRNAの材料にもなる**ATP** adenosine triphosphate（アデノシン三リン酸）をつくる．ATPは大きなエネルギーをもつ**高エネルギー物質** energy-rich compound の一種である．ATPは発エルゴン反応と共役して**ADP** adenosine diphosphate（アデノシン二リン酸）とリン酸からつくられるが，この方式を**基質レベルのリン酸化**という．ATPはこれ以外にも電子伝達系と並行して起こる**酸化的リン酸化**（発展学習参照）や，光合成でみられる**光リン酸化** photophosphorylation によってもつくられる．エネルギーはリン酸基同士の結合に蓄えられ，この結合が切れてADPとリン酸基に加水分解されるとエネルギーが放出され，様々な生命活動（例：物質合成，反応調節，

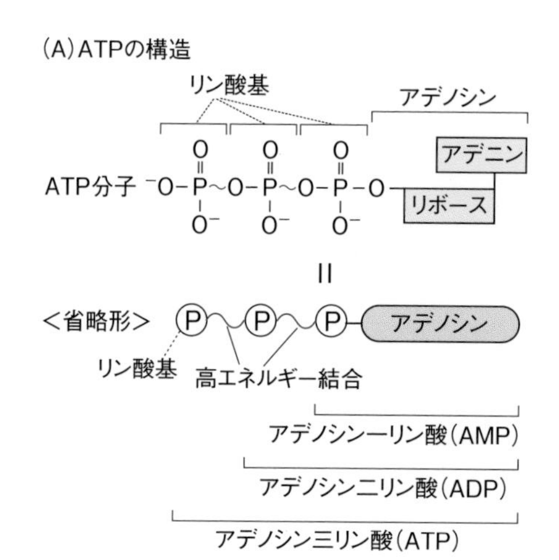

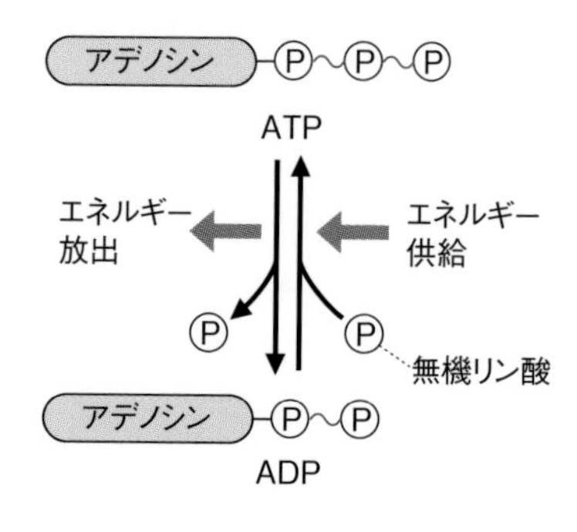

図 4·6 高エネルギー物質：ATP

能動輸送［濃度に逆らって物質を移動させる］，運動，発光）が可能となる．ATP は生命活動におけるエネルギー貨幣のようなもので，細胞の必要な場所で消費される（例：ヒト脳では約 1kg/日 の ATP が消費される）．

4·5 脂肪の燃焼

中性脂肪（neutral fat）もエネルギー源となる．中性脂肪に由来する脂肪酸とグリセロールのうち，グリセロールは修飾後に解糖系に入り，前述のように代謝されてエネルギーを産生する．一方，脂肪酸は多数の炭素＋水素が連結した鎖状分子であるが，炭素 2 個単位で切断され（これを ***β* 酸化**（beta - oxidation）という．下記解説），断片が CoA と結合してアセチル CoA となり，クエン酸回路で代謝されて大量のエネルギーを産生する．脂肪酸は炭素鎖が長く，一つの分子でこの反応が何度も起こる（例：炭素 12 のラウリン酸は 96 個の ATP を生産する）．脂肪は糖質に比べ，分子あたり より多くのエネルギーを生み出すことができる．

解 説

***β* 酸 化**

脂肪酸に CoA が結合し，そこから二つ目（*β* 位）の炭素の位置で，アセチル基を単位として断片（酢酸の単位）が切り出される．

1
2
3
4
5
6
7
8
9
10
11
12
13
14

4·6　エネルギー源の産生，貯蔵

生物はATP供給に余裕があってもそれを長期間保存することはできず，（ATPを使って）糖質や脂質を合成して蓄積し，必要なときにそれを利用するという方策をとる．しばらくの間 栄養を摂取しなくとも生命を維持することができるのはこのためである．

a. グルコース産生：クエン酸回路の途中分子であるリンゴ酸がミトコンドリアから出て，解糖系の経路をさかのぼるようにしてグルコースができる代謝系を**糖新生**（glycogenesis）という．

b. グリコーゲン貯蔵：グルコースにリン酸基がついた（活性化された）グルコース6-リン酸を出発材料に重合分子の**グリコーゲン**（glycogen）が生成され，肝臓や筋肉に蓄積される．エネルギー供給が必要になると血糖値を上昇させるホルモン（グルカゴン）が働き，グリコーゲンは分解されてグルコースとなる．

c. デンプンの合成：植物ではグルコースからデンプンなどの重合分子がつくられ，種子や地下茎や葉などに貯蔵される．

d. 脂肪合成：脂肪の蓄積は動物では皮下の脂肪組織，植物では種子や果実で顕著にみられる．中性脂肪はグリセロールと3個の脂肪酸から合成されるが，脂肪酸はクエン酸あるいはアセチルCoAを元に，NADPHを使った炭素を2個ずつ連結する反応が繰り返されて合成される．

1. アルコール脱水素酵素は，NADからNADHができる反応にあわせて，エチルアルコールからアセトアルデヒドをつくる．ではアセトアルデヒドとNADHの入っている試験管にこの酵素を加えたらどうなるか．
2. 酸素がないと生きられない生物と，酸素がなくとも生きられる生物では，どちらの方が効率的にエネルギーを生み出せるか．
3, エネルギー源として炭水化物／糖質しか摂っていないのに，食べ過ぎによって皮下脂肪が増えるのはどうしてか．

＜発展学習＞　ATP の合成のメカニズム

1　呼吸は生体反応における酸化還元反応

エネルギーが生み出されるときは，糖に結合している水素が酸化される．標準条件で酸化還元反応がどう進むかは分子／原子固有の**標準還元電位**(standard reduction potential)(例：高い順番に，水となる酸素＞シトクロム *c* ＞ユビキノン＞フラビンタンパク質＞ NAD^{+} ＞ H^{+}）で決まるが，標準還元電位は電子を受け取る尺度を表しており，電子は標準還元電位のより高い方に流れる．好気呼吸をする生物では，電子は最終的に還元電位が特に高い**酸素**(oxygen)に渡される．細菌の中には酸素以外の分子（例：硫酸，硝酸）を**電子受容体**(electron acceptor)とするものがあり，そのような生物（例：破傷風菌などの偏性嫌気性菌）にとって酸素はむしろ害になる．

2　電子伝達系と酸化的リン酸化

グルコースが解糖系やクエン酸回路を経る過程でつくられる基質レベルのATP 生産の量はわずかであり，大部分の ATP は基質から除かれた水素原子の酸化によりつくられる．まず解糖系でつくられた NADH（還元型 NAD）はミトコンドリアに入る．さらに，ここにピルビン酸→アセチル CoA 反応，

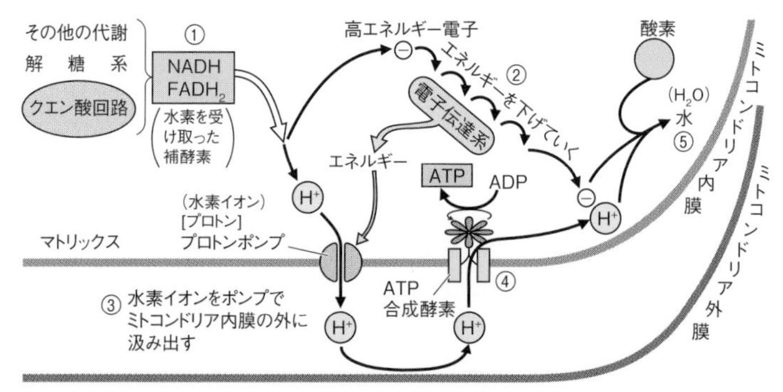

＜反応順序＞
① 種々の反応で水素原子がとられ（酸化され），補酵素でミトコンドリアに運ばれる．
② 水素は高エネルギー電子と水素イオン（プロトン）に分かれ，電子は電子伝達系（実際は内膜に組み込まれている）を渡って段階的にエネルギーを下げていく．
③ ②で放出されたエネルギーはプロトンポンプを動かし，プロトンをいったん内膜の外に汲み出す．
④ プロトンがマトリックスに戻るエネルギーがATP合成酵素を（風車のような構造をしている）動かし，ATPを合成する．
⑤ エネルギーを失った電子は酸素に渡り，プロトンと一緒になり水ができる．

図 4·7　電子伝達系と酸化的リン酸化

そしてクエン酸回路で取り出された水素を受けたNADHや$FADH_2$（還元型FAD）が合流する．これら還元型の補酵素は内膜に組み込まれている電子伝達系に入り，水素原子は電子を失った水素イオン（これをプロトンという）と電子に分かれる．電子はフラビンタンパク質，ユビキノン[補酵素Q]，種々のシトクロムと，標準還元電位のより高いものに順に渡されるが，この過程のそれぞれの酸化反応でエネルギーが放出される．一方，電子伝達で取り出されたエネルギーはマトリックスにたまったプロトンを膜の外に汲み出す**プロトンポンプ** proton pump を動かすのに使われる（電子伝達系にはこのようなポンプが三か所ある）．汲み出されたプロトンは**化学浸透** chemiosmosis によりマトリックスに戻ろうとする力を発生させるが，この力が**ATP合成酵素** ATP synthase に作用し，ADPとリン酸からATPがつくられる（**酸化的リン酸化**）．

3　エネルギー源獲得方法で生物を二つに分ける

糖などのエネルギー源を栄養として細胞内に取り込み，それを原料にエネルギーを取り出す生物を**従属栄養生物** heterotroph という．脊椎動物などの高等動物はすべてこのタイプである．これに対し，二酸化炭素と水／硫化水素などの無機物を元に何らかのエネルギーを使ってグルコースをつくる生物を**独立栄養生物** autotroph という．植物はこのタイプで，光エネルギーによる**光合成** photosynthesis で二酸化炭素からグルコースをつくる**炭酸同化** carbon dioxide fixation（11章）を行う．光を使う他の生物としてランソウや**光合成細菌** photosynthetic bacteria がある．化学反応で出るエネルギーを利用する**化学合成細菌** chemosynthetic bacteria も独立栄養生物で，様々な種類がある．硝酸細菌では亜硝酸が電子供与体となり，これが酸素と結合して硝酸となる（亜硝酸が酸化される）過程で出るエネルギーが炭酸同化に使われる．

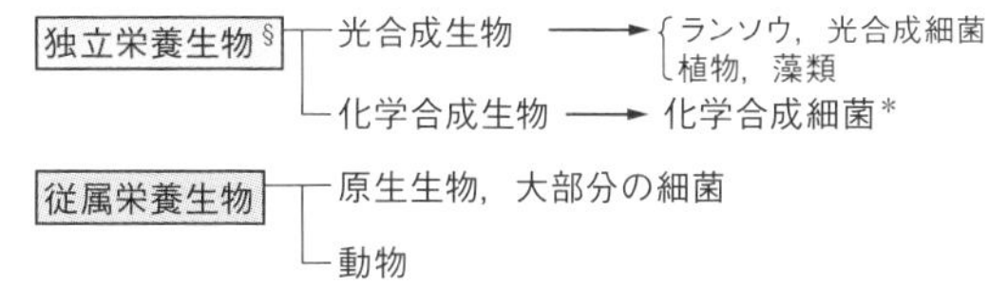

図4·8　独立栄養生物と従属栄養生物

§：無機炭素化合物（二酸化炭素）から光エネルギー，化学エネルギーを使って有機物を合成できる．

*：化学反応によって得たエネルギーにより有機物を合成する．（例：硫黄細菌，硝酸（化）細菌，水素細菌，鉄細菌）

5 DNA 複製と細胞の増殖

ゲノム DNA は遺伝子とそれ以外の要素からなり，ゲノムの存在場所である染色体は DNA とヒストンの複合体であるクロマチンからできている．DNA は二本の親 DNA が娘 DNA に一本ずつ入る半保存的複製によって複製し，真核生物では DNA 複製と細胞分裂が交互に起こる．DNA は構造的，塩基配列的に安定だが，変異，損傷，修復，そして組換えが起こるという，不安定でダイナミックな側面もある．細胞の死に方にはいろいろなタイプがあるが，このうちアポトーシスは遺伝的プログラムに従って進む．

5·1 真核生物ゲノムの構造

5·1·1 遺伝子はゲノムの一部分

染色体中の 1 セット分の DNA を**ゲノム** (genome) という．原核生物の大腸菌ゲノムが 460 万塩基対（bp）であるのに対し，真核生物では酵母で 1300 万 bp，一般の多細胞生物で約 1 億 bp，哺乳動物で 20 ～ 30 億 bp と，進化するほどゲノムサイズが大きくなる傾向にある．**遺伝子数** (gene number) は大腸菌で約 4300 個なのに対し，ヒトにはおよそ 22000 個存在する．ヒトの遺伝子数は大腸菌の 5 倍程度なのにゲノムサイズが数百倍もあることを考えると，ヒトゲノムの**遺伝子密度** (gene density)（DNA あたりの遺伝子数）は非常に低いことがわかる．事実，原核生物の遺伝子は隙間なくぎっしり詰まっているが，ヒトでは遺伝子部分がゲノムの 20 ～ 30％しかなく（注：ここでいう遺伝子はタンパク質をつくる典型的なもの），タンパク質コード領域はわずか 2％しかない．

5·1·2 反復配列がゲノムの多くの部分を占める

ゲノム DNA には 1 回しか出現しない**ユニーク配列** (unique sequence) と，多数出現する**反復配列** (repetitive sequence) があり，ヒトでの比率は 50％ずつである．ユニーク配列は遺伝子領域と非遺伝子からなる．典型的反復配列には**縦列反復配列** (tandemly repetitive sequence) と

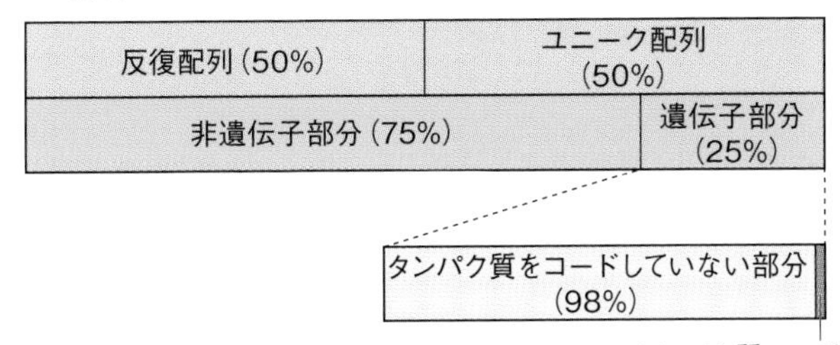

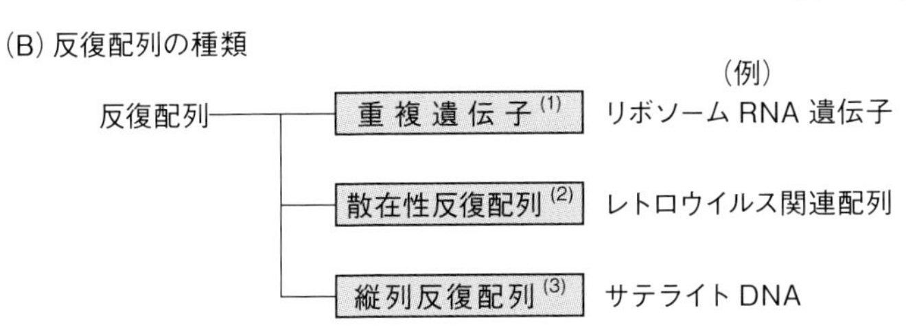

図 5·1 ゲノム中の DNA 成分（ヒトゲノムの場合）
ゲノムに占める割合は (1) 1%以下，(2) 42%，(3) 3%

散在性反復配列（interspersed repetitive element）の 2 種類がある．縦列反復配列の内部では短い配列が何度も連続しており，このうち**マイクロサテライト DNA**（microsatellite DNA）や**ミニサテライト DNA**（minisatellite DNA）は，それぞれ個人と系統で構造が少しずつ異なるため，それぞれ DNA 指紋（例：親子鑑定）と系統解析に利用される．散在性反復配列は**レトロウイルス**（retrovirus）（10 章）を起源とし，数百～数千 bp のサイズをもつ．ただヒトなどの動物では遺伝子構造はすでに崩れており，ウイルス粒子としては発現しない．ショウジョウバエではゲノムの半分近くがこの反復配列である．

5·1·3 遺伝子の重複

tRNA 遺伝子やリボソーム RNA 遺伝子は典型的な反復配列ではないが重

解 説

ゲノムのすべての領域に意味がある？

近年のゲノム研究によって，ゲノムのかなりの部分を占める非遺伝子部分からも少量ながら様々な RNA がつくられ，その中には制御的機能をもつものもあることが明らかになった．

複して存在する**重複遺伝子**(overlapping gene)である．構造の似た遺伝子が複数ある場合それらを**遺伝子ファミリー**(gene family)（**遺伝子族**）という．グロビン遺伝子は複数の α グロビン遺伝子と β グロビン遺伝子などでグロビンファミリーを形成し，さらにミオグロビンとも緩い類似性がある．遺伝子ファミリーは祖先遺伝子の重複と変異の結果生じたもので，機能的に関連するタンパク質をつくる．

5·2　染色体とクロマチン

5·2·1　染色体の構造と必須要素

生物は特有な数と形の**染色体**(chromosome)をもつ．性に関連する染色体を**性染色体**(sex chromosome)，それ以外を**常染色体**(autosome)という．二倍体細胞の染色体数は 2 の倍数で，同じ染色体が 2 本ずつあるが，この**相同染色体**(homologous chromosome)の一方はオスから，他方はメスに由来する．動物は 2 本の性染色体をもつ（例：ヒトは女＝XX，男＝XY）．染色体は細胞分裂前に凝縮して光学顕微鏡で見えるが，これは DNA 複製後の 2 × 二倍体染色体で，**動原体**(kinetochore)で連結している．染色体の安定化には三つの DNA 要素が必須である．第一は**複製起点**(replication origin)で染色体に多数存在する．第二は内部に 1 個ある**セントロメア**(centromere)で，複製した染色体（それぞれを**姉妹染色分体**(sister chromatid)という）を分ける動原体の部分にある．第三は端にある**テロメア**(telomere)で，複製の度に短くなる染色体を保護し，染色体の安定性にかかわる．

5·2·2　クロマチンによる DNA の凝縮

染色体は物質的には**クロマチン**(chromatin)という DNA－ヒストンの複合体である．**ヒストン**(histone)は塩基性タンパク質で，4 種類の**コアヒストン**(core histone)と**リンカーヒストン**(linker histone)からなる．コアヒストンが各 2 個集まった八量体に DNA が巻き付いて，**ヌクレオソーム**(nucleosome)という数珠(じゅず)状構造ができるが，これがリンカーヒストンによって束ねられた 30 nm 繊維がさらに高度に凝縮して**染色糸**(chromonema)（凝縮前の染色体）となる．延ばすと 1 m になる DNA がこのような凝縮した構造をとるため，直径 10 μm の核に収まることができる．クロマチンを染めると均一に染まる**真性クロマチン**(euchromatin)と不均一に染まる**ヘテロクロマチン**(heterochromatin)がみられるが，ヘテロクロマチンはクロマチンが密に凝縮して遺伝子発現が抑えられている状態と関連がある（注：遺伝子調節領域やテロメアなどに多い）．

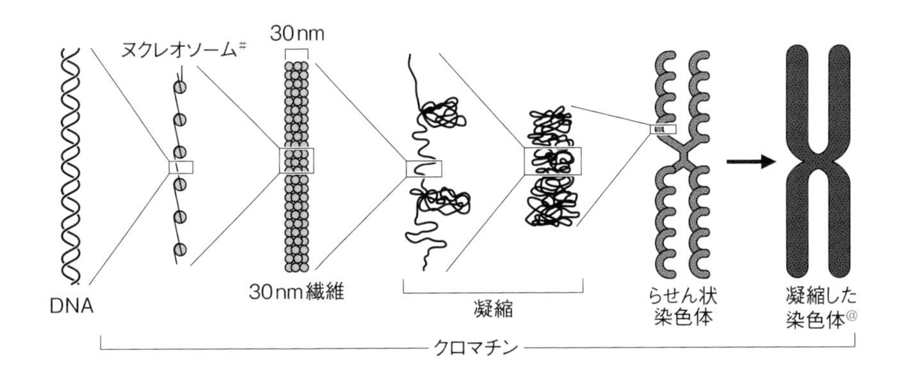

図 5·2　クロマチンの階層性
♯：多数のヒストンを含む．@：動原体で結合した一対の姉妹染色分体

1 2 3 4 5 6 7 8 9 10 11 12 13 14

5·2·3　通常と異なる染色体

ユスリカなどの昆虫の唾液腺にみられる唾腺染色体は細胞質分裂なしに染色体が複製するため，太い**多糸染色体**(polytene chromosome)となる（注：遺伝子が発現している部分は膨れた**パフ**(puff)という構造になる）．病気などによって異常染色体が現れる場合があり，一部の染色体が 3 本になるトリソミーは癌や白血病，あるいはダウン症候群（21 番染色体）などでみられる．

解 説

細菌の染色体

細菌ゲノムも慣例的に染色体とよぶ．ただ DNA は裸の状態で，真核生物のようなクロマチン構造はなく，DNA は環状構造をとる．

5·2·4　クロマチンの修飾

クロマチンは様々な修飾を受けている．DNA 中の塩基（主に CpG 中の C）は部分的にメチル化され，遺伝子発現の抑制に働いている．これとは別にヒストンが化学的に修飾（メチル基，アセチル基，リン酸化，ユビキチン［6 章参照］の結合など）されるという現象や，ヌクレオソームの位置が変化する**クロマチン再構築**(chromatin remodeling)という現象もあるが，このようなクロマチンの修飾は遺伝子機能を発現レベルで変化させて特異な遺伝現象を現す．このような塩基配列によらない遺伝現象を**後成的遺伝**(epigenetics)といい，その異常は癌をはじめとする様々な疾患につながる．クロマチン修飾は生殖細胞から発生初期にかけて起こり，その後保存される．一方の親の形質が優先的に出る**遺伝的刷り込み**(genomic imprinting)（**ゲノムインプリンティング**）という現象も後成的遺伝の一つである．

5·3 DNA 複製のしくみ

5·3·1 半保存的複製と複製単位

DNA は細胞分裂に先立って複製され，それぞれが分裂後の娘細胞に入る．複製ではまず DNA が変性し，各々の一本鎖 DNA が鋳型となって相補的な配列を元に新しい DNA が合成され，同じ構造の二本鎖 DNA が 2 個できる．複製後の娘 DNA 中に元 DNA 2 個の一本鎖が一つずつ残るこの形式を**半保存的複製**(semiconservative replication)という．この事実は，重い DNA をもつ大腸菌を軽い DNA ができる培地で 1 回だけ分裂させるとできた DNA の比重が中間値を示すという**メセルソン・スタールの実験**により明らかにされた．複製は**複製起点**(replication origin)（*ori*）から両方向に進む（**二方向性複製**(bidirectional replication)）．真核生物の染色体は複数の複製起点をもつ. 複製が進んでいる部分はフォークの形をしている（**複製のフォーク**(replication fork)）が，DNA 複製はフォークが複製起点から両側に離れるように進む．

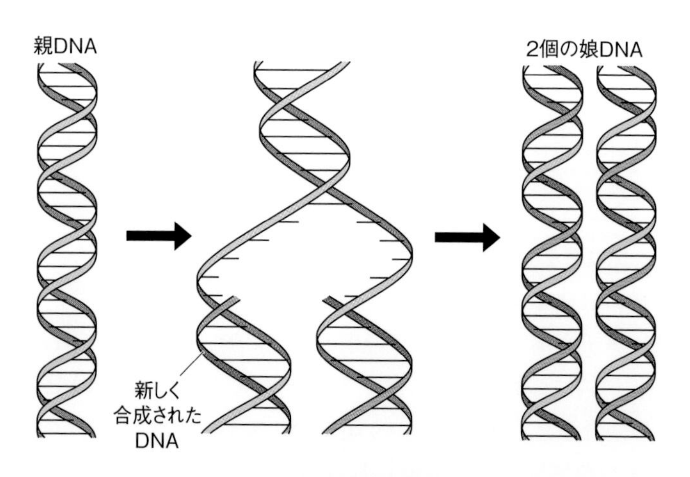

図 5·3 DNA 複製の原理

5·3·2　複製酵素と不連続複製

DNA 複製酵素を **DNA ポリメラーゼ**（DNA polymerase）（DNA 合成酵素）という．基質としてデオキシヌクレオシド三リン酸（例：デオキシアデノシン三リン酸[dATP]）を利用し，リン酸ジエステル結合で鋳型と相補的なヌクレオシド一リン酸を重合する．この酵素はすでにある核酸を 3′ 末端方向に延ばす反応を行い，何もないところから"開始"することはできない．このすでにある合成の引き金になる一本鎖核酸を**プライマー**（primer）といい，DNA でも RNA でもよい（注：細胞内では短い RNA が使われる）．核酸合成は 3′ の方向にしか延びないという法則があるため，DNA 鋳型の一方では DNA 鎖が後ろに向かって短い断片として合成され，それが後でつながるという**不連続複製**（discontinuous replication）が起こるが，このときできる DNA 断片を発見者の名をとって**岡崎断片**（Okazaki fragment）という．

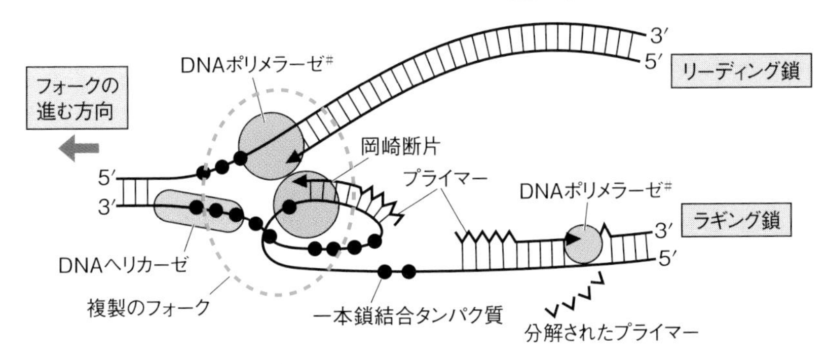

図 5·4　DNA の複製様式（細菌の場合）
DNA は 3′ の方向にしか延びないので，ラギング鎖では一旦 岡崎断片ができ，それがつながる不連続合成が起こる．プライマーはプライマーゼでつくられる．
#：2 種類の DNA ポリメラーゼが使われる．

Column

DNA の端は複製されない

鋳型 DNA の末端は複製されないで残る．鋳型鎖の 3′ 端ではまず端に RNA プライマーが付き，DNA 合成がそこから中央部へ進む．しかし細胞にこの RNA を DNA に変換する機構がないため，DNA の両端は欠けてしまい，さらに欠損は複製の度に広がる．この理由により，真核生物ゲノムのような線状 DNA の末端は複製の度に削れてしまう．**テロメア**（telomere）（5·2·1 項）には DNA が多少削れてもよいように意味のない配列の繰り返し構造がある．

5･4　細胞内における DNA の動態

5･4･1　複製酵素には間違いを直す働きがある

DNA ポリメラーゼが間違って取り込んだヌクレオチドをそのままにすると変異となって残り，細胞に重大な影響をおよぼすため，細胞はこれを修復しようとする．酵素が間違ったヌクレオチドを連結してしまうと合成をいったん停止し，今までつくった新生 DNA 鎖を戻りながら削る（注：DNA 鎖を端からヌクレオチド単位で削る活性をエキソヌクレアーゼ活性という）．少し削ったあとで再度 DNA 合成を開始し，正しい配列に合成し直す．このようなしくみを DNA ポリメラーゼの**校正機能** proofreading という．

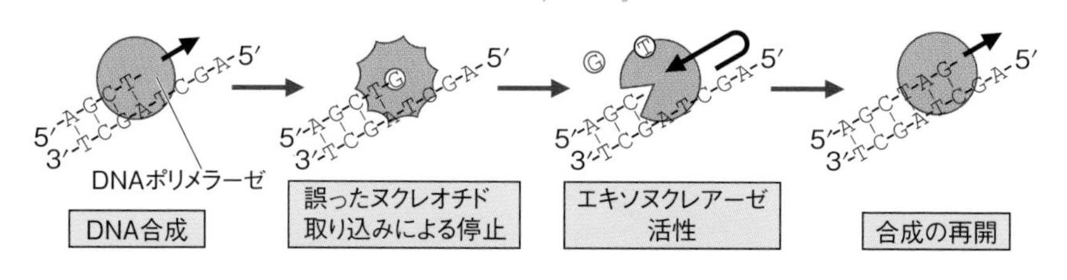

図 5･5　DNA ポリメラーゼの校正機能

5･4･2　DNA の変異と損傷

DNA 塩基配列が変化する現象を**変異** mutation（**突然変異**）という．変異は自然にも低い確率で起こるが，それを起こす外的要因を**変異原** mutagen という．他方 DNA 構造が異常（塩基修飾，鎖切断，鎖の共有結合，隣接するピリミジン［主にチミン］塩基同士の結合など）になる場合があり，**DNA 損傷** DNA damage という．損傷の原因となる DNA 傷害剤にはいろいろあるが，一部は変異原でもある．このため DNA が損傷すると変異したり DNA の傷として残るため，酵素反応がそこで止まったり細胞の死や癌化を招く場合がある．

5･4･3　損傷やエラーの修復

細胞には DNA の損傷や複製ミスで生じた誤塩基を直す**修復機構**がある．**損傷修復** damage repair には損傷の逆反応を利用する直接修復，組換え機構を利用する組換え修復，二本鎖切断修復（例：末端の直接連結による．組換え機構を用

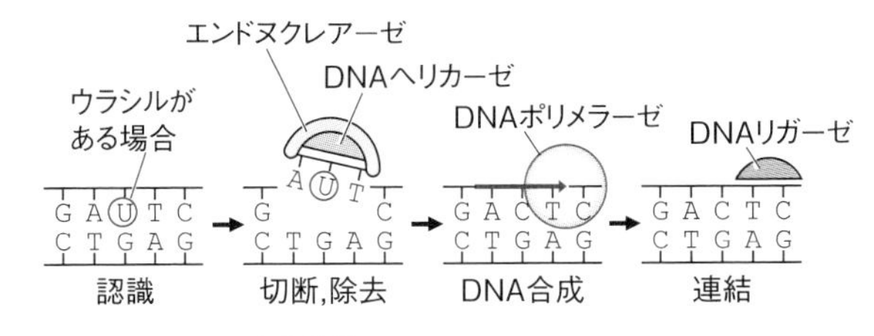

図 5·6　除去修復
異常塩基（ここではウラシル）の修復の場合

いる），特殊な DNA ポリメラーゼが複製を行って適当な塩基を充てる複製修復，そして除去修復がある．異常構造をもつ塩基（例：紫外線で生じる**チミン二量体** thymine dimer）の修復には主に**除去修復** excision repair が使われる．この場合まず損傷を含む一本鎖 DNA の損傷の両側にエンドヌクレアーゼ（内部［**エンド** endo］を切断する酵素）が切れ目を入れてそれを DNA ヘリカーゼで取り除き，残った一本鎖部分が DNA ポリメラーゼで修復合成され，最後に DNA リガーゼが連結する．誤って対合した塩基も似た機構：**ミスマッチ修復** mismatch repair で修復される．

5·4·4　DNA は組み換わる

細胞内に相同な塩基配列をもつ DNA が存在すると，それら DNA 間で**組換え** recombination が起こる（☞ **相同組換え** homologous recombination）．組換えは見かけ上は DNA 鎖の切断と再結合という反応であるが，実際のしくみは複雑で，多くの因子が関与し，DNA の一本鎖部分が別の DNA に入り込んで複製が起こるという機構がかかわる．組換えでは ABC と abc という 2 種の DNA から，たとえば ABc と abC ができるタイプ［**交差型** crossing over type］と，AbC と aBc ができるタイプ［**遺伝子変換型** gene conversion type／**非交差型** non-crossing over type］がある．真核生物の組換えは減数分裂時，複製した相同な姉妹染色分体間でみられる．組換え率は染色体上の距離に比例するため，既知の遺伝子の組換え率と比べることにより，調べようとする遺伝子の相対的位置がわかる（☞ **遺伝子地図の作成**，図 2·3 参照）．

解説　**不規則に起こる組換え**

類似性のない DNA 間で組換えが起こる場合があり，免疫グロブリン遺伝子の組換えや異種 DNA の染色体への入り込みなどでみられる．

5·5　細胞分裂

5·5·1　細胞分裂の規則性

細胞に栄養が与えられるとDNA 複製が起こるが，この時期を**S 期**（S phase）（合成：synthesis）という．複製を終えた細胞は次に二分裂するが，この時期を**M 期**（**体細胞分裂期／有糸分裂期**（mitosis））という．M 期が終了してS 期になるまでの間を**G_1 期**（間隙：gap），S 期からM 期までの間を**G_2 期**という．M 期以外の期間を**間期**（interphase）という．このように，細胞は G_1 期→S 期→ G_2 期→M 期を辿（たど）って G_1 期に戻るが，この規則性を**細胞周期**（cell cycle）という．いったんS 期に入ったら G_1 期に戻るまでは止まらない．ヒトの細胞周期の時間はおよそ12 時間だが，どのような種類の細胞もS 期（7 時間），G_2 期（3 時間），M 期（1 時間）の長さはほぼ一定なので分裂速度は主に G_1 期の長さで決まる．

5·5·2　有糸分裂

真核細胞の分裂機構は，染色体の分離にチューブリンからなる繊維である**微小管**（microtubule）がつくる**紡錘体**（spindle）が関与する**有糸分裂**（mitosis）である（注：原核生物は**無糸分裂**（amitosis））．M 期の前期，まず染色体（注：実際は**姉妹染色分体**（sister chromatids））が太くなり，中期にはそれが赤道面（細胞の中央）に並び，核膜が消失する．紡錘体は染色体の

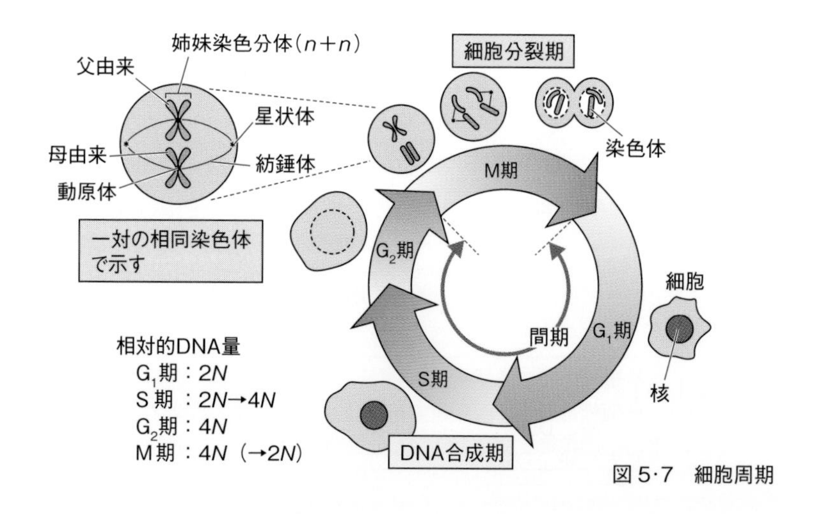

図 5·7　細胞周期

動原体(kinetochore)に結合する．後期になると染色体は紡錘体により両側に引っ張られ，終期には細胞の中央がくびれる（注：植物では仕切りができる）と同時に染色体が細くなり，核膜ができ始める．微小管を両極で束ねる**星状体**(aster)は複製した**中心体**(centrosome)（植物細胞でははっきりしない）に由来する．

5･5･3　細胞周期を制御する正と負の因子

細胞周期を動かすような因子が存在するが，この因子は**サイクリン依存性キナーゼ**(cyclin-dependent kinase)（**CDK**）というタンパク質リン酸化酵素と，それに結合して活性を発揮させる**サイクリン**(cyclin)というタンパク質複合体である．サイクリンはCDKによりリン酸化されて活性化状態になり，細胞周期の各ポイントで働く別々のサイクリンとCDKがある．CDKは定常的に存在するが，サイクリンが細胞周期特異的に出現するため，酵素活性が細胞周期特異的に発揮されることになる．M期誘導に働く**MPF**（**M期促進因子**(M-phase promoting factor)あるいは**卵成熟促進因子**(maturation-promoting factor)）はサイクリンBとCDK1（cdc2）の複合体である．サイクリン／CDK自身もリン酸化や脱リン酸化で活性をもつ場合があるが，そのような因子は細胞増殖因子として作用する．CDK活性を不活化，あるいは分解する因子（プロテアソームなど）は細胞周期を負に制御する．

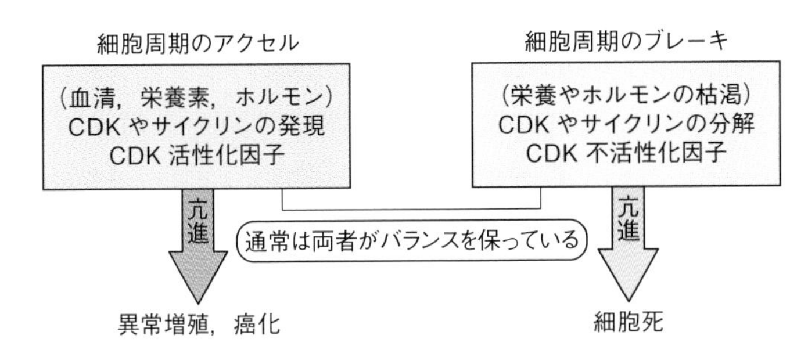

図5･8　細胞周期制御の概要

解説

細胞周期のチェックポイント

細胞には細胞周期を進めてよいかどうかをチェックする**チェックポイント機構**がある．この中にはS期前での細胞サイズやDNA傷害有無のチェック，DNA合成完了のチェック，全染色体が微小管と結合したかどうかのチェックなどがある．

5･6　細胞の死

5･6･1　細胞分裂の限界

無性生殖で増える原核生物などは際限なく分裂し続けるが，動物細胞などはどんなによい条件で培養してもやがて死んでしまう．細胞が寿命をもつことには二つの原因が考えられる．一つは**テロメア**(telomere)が複製の度に短くなり（5･3 節参照），やがて遺伝子本体が欠損したり，染色体自体が不安定になるというものである．事実，無限増殖能をもつ**癌細胞**(cancer cell)にはテロメアを複製する**テロメラーゼ**(telomerase)が豊富に存在する場合が多い．他の理由は，DNA やタンパク質などの高分子に傷害が蓄積するというもので，傷害要因としては**フリーラジカル**(free radical)（☞不対電子をもつ物質で，不安定で反応性に富む．酸素や一酸化窒素など）や**活性酸素種**(reactive oxygen species)（**ROS**．過酸化水素など）が特に重要である（ヒドロキシラジカルやスーパーオキシドなどは両方の性質をもつ）．傷害の蓄積が限界を超え，細胞が生存できなくなると考えられ，このため損傷修復用の **DNA 修復酵素**（例：RecQ ファミリーヘリカーゼ）に欠損をもつ遺伝病患者（早老症など）は一般に短命である．

5･6･2　個体寿命

真核生物は特別な病気や感染症に罹患しなくても必ず寿命を迎える．はじめに個々の細胞の寿命や機能低下によって組織や器官の機能が低下し，ホルモンが減少して，免疫などの抵抗力が減少する．やがてこれらが原因となって身体全体の**恒常性**(homeostasis)の維持が困難になり，最終的に個体としての統合性が崩れてしまって死に至る．

Column

カロリーの取り過ぎが寿命を縮める？

大腸菌からマウスに至るいかなる生物も，カロリーを制限した方が寿命は延びる．栄養として摂ったカロリー（熱量）は最終的にミトコンドリアで大量のエネルギー生産に使われるが，ミトコンドリアのない細胞の方が寿命が長いという研究もある．エネルギー生産時にフリーラジカルや活性酸素種が発生し，これが分子を傷つけると考えられている．

5·6·3　壊死（ネクローシス）と自死（アポトーシス）

細胞の死に方には主に二つのタイプがある．このうちの一つ**壊死（ネクローシス）** necrosis は，火傷，細胞溶解性のウイルスや補体（免疫機能にかかわる細胞を壊す血清タンパク質の一種）による攻撃，過激な細胞傷害剤によって細胞が死ぬ場合にみられ，特徴としては細胞が膨れたり内容物が漏れたりして，細胞膜を介する物質輸送が働かなくなる．いわば受動的な死で，比較的時間がかかる．他の死に方の代表的なものは**自死（アポトーシス）** apoptosis である．アポトーシスは胸腺の退縮のような**予定細胞死** programed cell death，ウイルス感染や病気などで増殖できなくなった細胞の死，細胞傷害剤の影響を受けた細胞の死などでみられる．落葉やオタマジャクシのシッポの退縮もアポトーシスである．

アポトーシスは遺伝子に組み込まれたスケジュールに従い，クロマチン凝縮，核や細胞の縮小と断片化，そして食細胞による消化と順序立てて進み，多くは ATP を必要とする．短時間で段階的な能動的死で，遺伝子発現を必要とするため，鍵となる遺伝子の発現を変化させるだけでもアポトーシスが誘導される．アポトーシスはミトコンドリアからのシトクロム c の漏出が引き金となり，特有の DNA 分解酵素やタンパク質分解酵素（＝**カスパーゼ** caspase）が細胞の分解や処理を実行する．損傷を受けて変異した（＝癌化）細胞や，

表 5·1　アポトーシスとネクローシス

アポトーシス（自死）		ネクローシス（壊死）
・生理的 ・増殖因子欠如	要因	・非生理的，火傷 ・溶解性ウイルス感染 ・過剰な毒物
・遺伝子に組み込まれたプログラムによる ・短時間に起こる ・ATP を必要とする ・能動的自壊	過程	・組織内で同時に進行 ・長時間かかる ・受動的自壊 ・輸送系の崩壊
・細胞の縮小，シトクロム c の漏出 ・DNA 断片化 ・細胞の断片化	特徴	・細胞の膨潤と溶解 ・内容物の流出

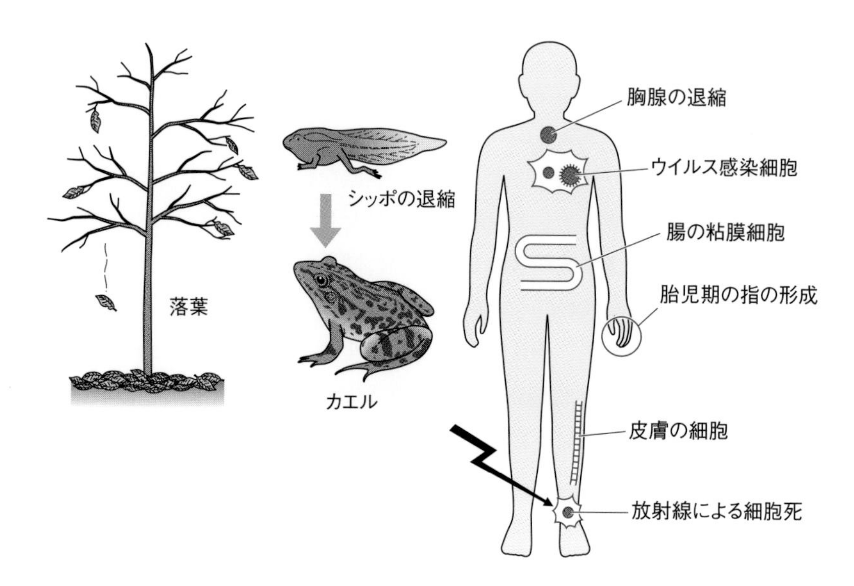

図 5·9 アポトーシスの起こっている場所

不要な細胞をそのまま放置すると個体にとって不都合なため，アポトーシスは不要細胞の排除による個体の保護と見ることもできる．なお，上記 2 種類の細胞死に加え，第 3 の死に方として，能動的な死であってもカスパーゼが関与しない形式もある（例：オートファジーによる細胞死，角質化による細胞死など）．

1. 原核生物と真核生物のゲノムには様々な違いがある．その違いをゲノムサイズ，遺伝子数，DNA 配列の種類，ゲノムに含まれる物質やその修飾状況などの観点から比較しなさい．
2. 「自分の体のどこかには，元々父と母の細胞にあった一本鎖 DNA を含む細胞が少なくとも 2 個存在する可能性がある」という話は本当なのか．DNA 複製の原理に従って考えなさい．

6 DNAにある遺伝情報を取り出す：遺伝子発現

DNA中の遺伝情報はRNAに転写され，タンパク質コード遺伝子の場合はついでタンパク質に翻訳される．転写はRNAポリメラーゼが行うが，種々の制御因子がDNAに結合して遺伝子ごとに転写量が調節される．RNAは合成後に切断や化学的修飾を受けて成熟するが，RNAの中には翻訳にかかわるものとかかわらないものがある．翻訳ではmRNA中の遺伝暗号コドンに従ってtRNAがアミノ酸を運び，それがリボソームによって連結され，できたタンパク質は品質管理を受けた後に運搬，利用される．

6·1 RNA合成

6·1·1 遺伝子の発現

DNAの遺伝情報はそのままでは機能せず，機能を発揮するために自身のコピーであるRNAをつくり（**転写** transcription），さらにRNAから実働分子であるタンパク質を合成（**翻訳** translation）しなくてはならない．この大原則を分子生物学における**セントラルドクマ**（中心命題）という．転写を狭義の**遺伝子発現** gene expression といい，直接の遺伝情報をもつDNA，RNA，タンパク質を**情報高分子** informational macromolecule という（注：多糖の単糖重合配列情報は遺伝子に直接暗号化されていない）．RNAをつくることによりDNA損傷の機会を減らし，RNA合成量を調節することによって発現量をダイナミックに変化させることができる．

図6·1　分子生物学のセントラルドクマ

解説

変則的な遺伝情報の流れ

RNAウイルスはRNAからRNA，あるいはRNAからDNA（＝**逆転写**）という過程をもつ．ただ細胞にも弱いながらこれらの活性がある．

6･1･2　RNA 合成反応と RNA ポリメラーゼ

転写は二本鎖 DNA の一方を**鋳型**（template）に RNA を合成する反応である．基質は三リン酸型のリボヌクレオチド（ATP，GTP，CTP，UTP）で，UTP が TTP に代わって使われる．DNA 合成と同じく，鋳型 DNA と相補的なヌクレオシドがリン酸ジエステル結合で連結する．反応を行う酵素は **RNA ポリメラーゼ**（RNA polymerase）で，ヌクレオチドの 3′ の方向に鎖を延ばすが，合成用プライマー（5 章参照）は不要である（つまり合成の開始ができる）．広い範囲の DNA が一度の反応で処理される複製とは違い，転写は遺伝子ごとに起こる（注：細菌では複数の遺伝子が続けて転写される場合もある）．

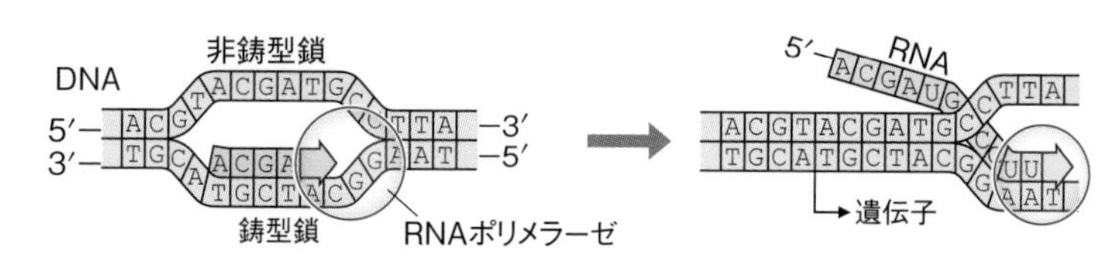

図 6･2　転写の概要
RNA では T（チミン）の代わりに U（ウラシル）が使われる．
遺伝情報は非鋳型鎖（＝コード鎖）に含まれる．

6･1･3　合成される RNA の種類

RNA の大部分はタンパク質合成に用いられる．この RNA は 3 種類あり，その一つは **mRNA**（メッセンジャー RNA）で翻訳の鋳型になり，少なくとも遺伝子の数だけ存在する．**tRNA**（トランスファー RNA）はアミノ酸をリボソームに運ぶ小型の RNA で，**rRNA**（リボソーマル RNA）はリボソームの構成成分となる．真核生物の場合これら 3 種類の RNA は別々の RNA ポリメラーゼによってつくられる．なお細胞には上記以外，タンパク質合成にかかわらない RNA も多数存在する（6･4 節）．

6･2　転写の調節

6･2･1　転写調節の必要性

遺伝子は一部の恒常的，普遍的に発現するものを除き，大部分は特異的発現様式を示す．アルブミンやインスリンはそれぞれ肝臓と膵（すい）臓でしか発現せず（組織特異性），発生中は時期により発現する遺伝子が異なり（時期特異性），ホルモンによって発現する（刺激特異性）遺伝子もある．このように遺伝子発現は遺伝子ごとの調節を受け（**特異的遺伝子発現調節**），RNA量はゼロ〜数百万コピーの範囲で変動し，これが狂うと奇形／分化異常や癌をはじめとする様々な疾患が起こる．

6・2・2　転写調節配列

a. プロモーター：RNAポリメラーゼが結合する転写開始部位付近のDNA領域を**プロモーター**（promoter）という．プロモーターは遺伝子ごとに構造が異なるが，比較的共通にみられる配列（例：ATに富むTATA配列）もある．プロモーターは転写に必須な配列で，RNAポリメラーゼが進む方向を決め，正しい位置からの基本量の転写を保証する．真核生物の場合，RNAポリメラーゼのプロモーター結合や活性化には**基本転写因子**（general transcription factor）といわれる一群の因子が共通に必要である．

b. エンハンサー：強い転写が必要な場合はプロモーターとは別に，数bpを単位とする活性化配列：**エンハンサー**（enhancer）が必要となる．エンハンサーの種類・数・位置は遺伝子特異的で，多くは遺伝子上流1000塩基対以内に複数個存在する．エンハンサーは単に転写を高めるだけでなく，ホルモン，化学物質，熱などによる転写の誘導や，上述のような特異的転写も司る．

解説

遺伝子の上流と下流
転写の方向（5′→3′）を基準に，5′側を遺伝子の上流，3′側を下流という．

6・2・3　転写制御因子

エンハンサーが転写を活性化できるのはそこに**転写制御因子**（transcriptional regulatory factor）が結合するためである．このDNA結合性タンパク質は特定の配列に結合するが，エンハンサーが多様なように，転写制御因子も多様である．転写制御因子の数は哺乳類で2000種類以上あるが，いくつかのタイプに分類することができる．因子の内部にはDNA結合領域や転写制御領域，あるいはタンパク質−タンパク質相互作用を司る領域が一定のパターンで配置される**モチーフ**（motif）（例：ロ

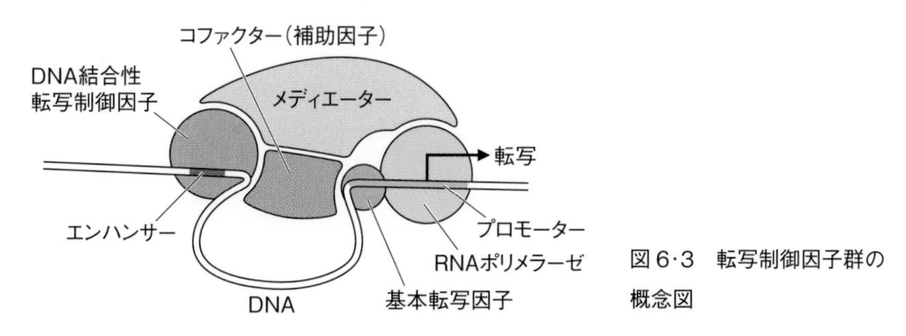

図 6·3　転写制御因子群の概念図

イシンジッパーやジンクフィンガーなど）を形成する．

6·2·4　転写制御機構

転写制御因子の転写活性化領域が RNA ポリメラーゼや基本転写因子と結合することにより，RNA ポリメラーゼの活性化（例：リン酸化）や DNA の部分的変性が起こり，転写開始効率や転写伸長速度が上昇する．転写制御因子の機能発現に**転写補助因子（コファクター）** (cofactor) の作用が必要な場合もあり，因子のうち活性化にかかわるものを**コアクチベーター** (coactivator)，抑制にかかわるものを**コリプレッサー** (corepressor) という．また RNA ポリメラーゼと転写制御因子との間には**メディエーター** (mediator) という巨大なタンパク質複合体が結合し，これにより転写活性化情報が集約され，さらに強められる．

解 説　**転写の伸長を調節する因子**

RNA ポリメラーゼやクロマチンに働いて転写を正（例：SⅡ，FACT，P-TEFb）や負に調節する因子が存在する．

6·2·5　クロマチンレベルでの転写調節

DNA が密なクロマチン構造をとると転写制御因子の結合が阻害され，RNA ポリメラーゼの進行も阻害されるため，一般に転写は抑制される．このため転写活性化ではクロマチン抑制をいかに解くかが鍵となり，細胞にはクロマチン構造を変化させて転写を制御する因子が多数存在する．一般に DNA がメチル化されると転写は阻害され，ヒストンの化学修飾やヌクレオソームの位置変化も転写に影響する（2 章発展学習，59 頁参照）．

6·2·6　細菌の転写制御

細菌の DNA はクロマチン構造をとらないため，転写制御機構はシンプルであり，また核膜がないため，RNA ができると同時にリボソームが結合して翻訳も起こる（**転写と翻訳の共役**（transcription-translation coupling））．細菌の転写のもう一つの特徴として，関連する一連の生化学反応や代謝にかかわる複数の遺伝子が一気に転写されるという現象があるが，このように複数遺伝子がまとめて転写される DNA の単位を**オペロン**（operon）という．オペロンはその上流にプロモーターとオペレーターとよばれる調節配列と，少数の転写制御因子結合配列をもつ．

6·3　RNA の加工

合成された RNA は様々に加工される．真核生物の mRNA は 5′ 末端にメチル化されたグアノシンを含む**キャップ**（cap）といわれる構造をもち，3′ 末端に

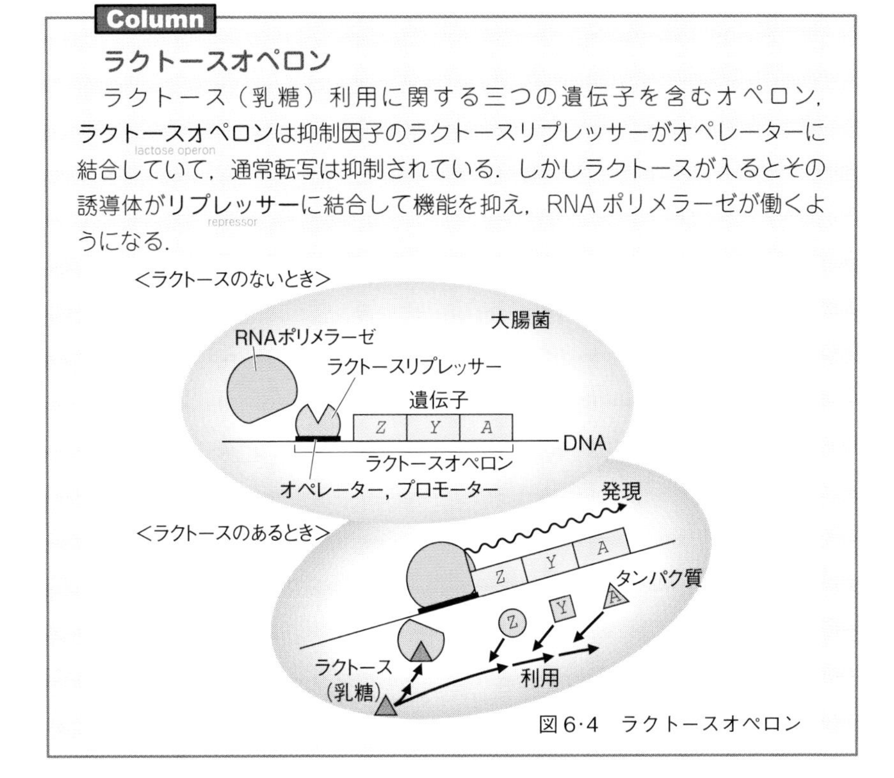

Column

ラクトースオペロン

ラクトース（乳糖）利用に関する三つの遺伝子を含むオペロン，**ラクトースオペロン**（lactose operon）は抑制因子のラクトースリプレッサーがオペレーターに結合していて，通常転写は抑制されている．しかしラクトースが入るとその誘導体が**リプレッサー**（repressor）に結合して機能を抑え，RNA ポリメラーゼが働くようになる．

図 6·4　ラクトースオペロン

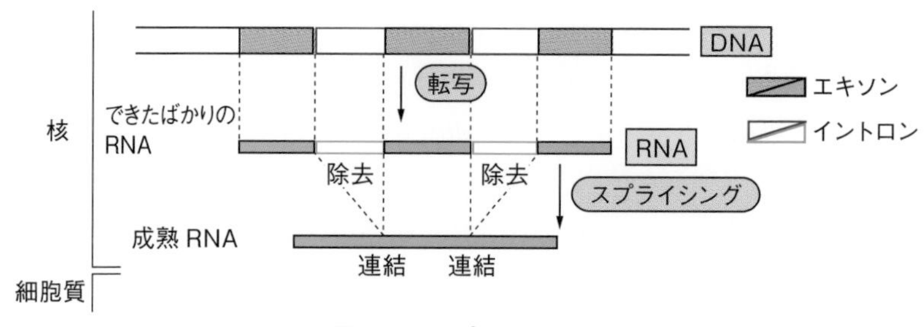

図6·5　スプライシング

はアデノシン一リン酸が20～200個連なる**ポリA鎖**(poly A chain)が付く．tRNAやrRNAは切断を経て成熟する．**スプライシング**(splicing)はRNAの内部領域が抜けて残りの部分がつながる真核生物によく見られるRNA成熟方式で，成熟RNAから除かれる配列を**イントロン**(intron)，残される配列を**エキソン**(exon)という．複数あるエキソンからある種のものが選ばれ，異なる成熟mRNAができる**選択的スプライシング**という機構もある．このほか塩基を他の塩基に変えたり挿入／欠失を行う**RNA編集**(RNA editing)や塩基の化学修飾という加工も見られる．

6·4　翻訳以外にもあるRNAの機能

6·4·1　非コードRNA

RNAにはタンパク質合成にかかわるmRNA，tRNA，rRNA以外にもいろいろなものが存在する．その一つに，酵素として働くRNA：**リボザイム**(ribozyme)（リボはリボ核酸[RNA]，ザイムは酵素[enzyme]に由来する）がある．この中にはRNasePという酵素がもつRNA，ある種のtRNAやrRNAのスプライシングにおけるイントロンRNA（自己スプライシングRNA），そしてリボソームに含まれる最大分子種のrRNA（アミノ酸連結活性をもつ）などがある．このほか，RNAはDNA合成のプライマーになったり，ウイルスのゲノムになったり，結合性をもったり，スプライシングやRNA編集の調節因子にもなる．mRNA以外のRNAはタンパク質を指定しない**非コードRNA**（**ncRNA**）(non-coding RNA)だが，このようなRNAの中には調節機能をもつものもある．

6·4·2　小分子 RNA による遺伝子発現の抑制

20～30 塩基長の**小分子 RNA** (small RNA) といわれる非コード RNA が様々存在するが，その代表的なものに**マイクロ RNA** (micro RNA)（**miRNA**）がある．miRNA は構造の似る mRNA に塩基対結合し，mRNA からの翻訳を阻害する．目的遺伝子の発現抑制のために人為的に細胞に入れる **siRNA** (small (short) interfering RNA)（下記コラム参照）は様々な細胞内の因子を動員して mRNA を分解する．このような RNA は分解されにくい二本鎖となって働くという共通性があり，一般に**抑制性 RNA** といわれる．ncRNA にはこのほかクロマチンに結合して，遺伝子自体を抑制する RNA（例：X 染色体を抑制する Xist RNA）や，エンハンサー発揮にかかわる eRNA などの mRNA タイプの**長鎖 ncRNA** (lncRNA) もある．

Column

RNA 干渉：目的遺伝子を抑え込む方法

遺伝子抑制法として mRNA と結合する相補的な一本鎖（アンチセンス RNA (antisense RNA)）で翻訳を阻害する方法が考案されたが，あまり効果はなかった．その後二本鎖 RNA を入れると効果的に目的遺伝子が抑制されることが明らかになり，RNA 干渉 (RNA interference)（RNAi）として広く利用されている．ここで使用される RNA が小分子干渉 RNA（siRNA）である．内在性 siRNA も存在する．

6·5　タンパク質合成「翻訳」

6·5·1　mRNA はアミノ酸配列情報を含む

タンパク質合成はヌクレオチド中の塩基配列を遺伝情報としてタンパク質のアミノ酸配列に読み替えるので**翻訳** (translation) といわれる．mRNA の塩基配列内部にはアミノ酸配列情報がある．アミノ酸情報を含む部分を**コード領域** (coding region)，含まない部分を非コード領域という（注：コードとは指定／暗号化の意）．

6·5·2　遺伝暗号（遺伝コード）

塩基配列でアミノ酸をコードする場合，塩基が 1 個や 2 個では指定できるアミノ酸の種類は必要数の 20 に満たない．しかし 3 塩基あれば計算上は 64 種のアミノ酸を指定でき，充分な情報量をもつ．事実，アミノ酸は 3 塩基を

1組とする**コドン**(codon)により指定される．コドンは遺伝暗号を含んでいるが，コドン数がアミノ酸数より多いのは，複数のコドンをもつアミノ酸がいくつか存在するためである（表3･4参照）．翻訳の**開始コドン**(initiation codon)はAUG，すなわちメチオニン（注：原核生物ではフォルミルメチオニン）のコドンで，UAA，UAG，UGAの三つのコドンは指定するアミノ酸をもたず，翻訳を停止させる**終止コドン**(termination codon)として使われる．

> **解説**
> **コドンのとり方と読み枠**
> mRNA 上におけるコドンのとり方（注：これを**読み枠**(reading frame)という）は3種ありうるが，実際の読み枠は開始コドンの位置で決まる．

6･5･3　翻訳機構

a. アミノ酸と tRNA の結合：アミノ酸連結反応（ペプチド結合によるタンパク質合成）に先立ち，アミノ酸は tRNA と結合する．結合は**アミノアシル tRNA 合成酵素**(aminoacyl-tRNA synthetase)により，たとえばアラニンはアラニン専用の tRNA とのみ結合するというように，きわめて正確に行われる．

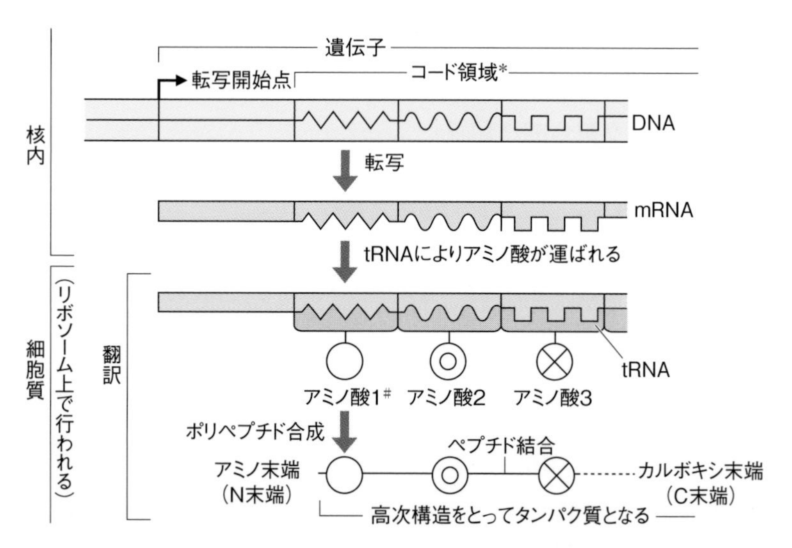

図6･6　翻訳の概要
＊：アミノ酸を暗号化している領域．#：最初のアミノ酸はメチオニン．

b.　リボソームと mRNA の結合：リボソームが mRNA の 5′ 末端のキャップ構造を認識した後に下流に移動し，開始 AUG コドン（注：通常は**コザック配列**(Kozak sequence)を含む最初に現れる AUG）から翻訳を開始する．細菌の mRNA の場合は **SD 配列**に結合し，その下流にある AUG から翻訳を開始する．

c.　アミノ酸の連結反応：**リボソーム**(ribosome)に結合した mRNA に，tRNA に結合したアミノ酸がやってくると，リボソームの活性によりアミノ酸が次々に連結される．このときコドンと相補的に結合する tRNA が選ばれるために運ばれるアミノ酸が自動的に決まる．コドンと結合する tRNA 中の連続する 3 塩基を**アンチコドン**(anticodon)という．翻訳の最初のアミノ酸（メチオニン）にはアミノ基が残り，最後のアミノ酸にはカルボキシ基が残る．つまり，タンパク質はアミノ末端からカルボキシ末端に向かってつくられる．

6·5·4　コード領域に突然変異があると

コード領域の塩基配列に変異が起きてコドンが変化しても，アミノ酸の種類が変化する場合と変化しない場合があり，変化するとタンパク質の性質が変化する．終止コドンができて翻訳が止まる変異を**ナンセンス変異**(nonsense mutation)，その終止コドンを**ナンセンスコドン**(nonsense codon)という．別のアミノ酸が取り込まれて構造の異

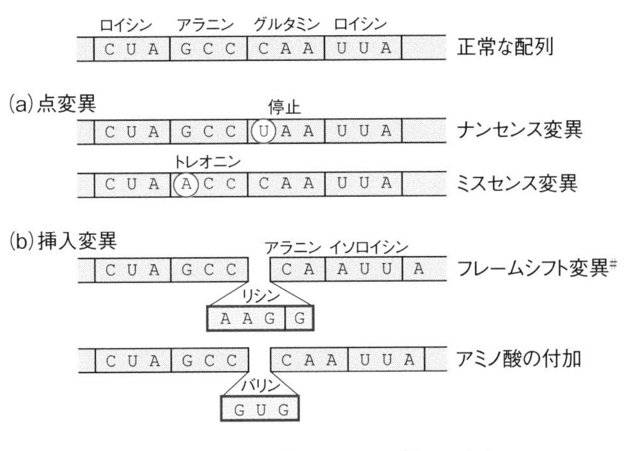

図 6·7　変異があった場合のタンパク質のでき方
mRNA の配列として表した．縦線はコドンの区切り．
#：いずれ終止コドンが出現する．

なるタンパク質ができる変異は**ミスセンス変異**(missense mutation)という．3の倍数でない数のヌクレオチドの挿入や欠失があると，いずれナンセンスコドンが出現し，ポリペプチドは不安定化して分解される．3の倍数の場合，配列中にナンセンスコドンが出現しなければ大きさの異なるタンパク質ができる．

6･6　翻訳後の出来事

6･6･1　タンパク質の品質管理

翻訳が始まったばかりのペプチド鎖ですぐ折りたたみが起こってしまうと最終的に正しい高次構造にならない危険性があるが，細胞にはこのような不都合を防ぐ因子：**シャペロン**(chaperone)（あるいは**分子シャペロン**(molecular chaperone)）というタンパク質がいくつかあり，ATP依存的に（エネルギーを使って）タンパク質の間違った折りたたみをほどき，再度正しく折りたたませる．シャペロンには翻訳後の折りたたみに失敗したポリペプチドや，熱変性したタンパク質の正しい折りたたみを誘導したり分解に向かわせる機能もある．

6･6･2　修飾と運搬

翻訳されたばかりのポリペプチドの中には，インスリンのように内部を限定切断されることによって成熟するものがある．またリン酸化や糖鎖付加により機能をもつものがあるが，このような翻訳後修飾は主にゴルジ体の中で起こる．タンパク質が生体膜を突き抜けて通る場合，まずN末端の疎水性に富んだ**シグナルペプチド**(signal peptide)が膜に入り，その後残りの部分が外に出て，最後にシグナルペプチド部分が切断されて膜を通過する．

6･6･3　細胞内タンパク質の分解

細胞内タンパク質の分解機構の一つに**リソソーム**(lysosome)の酵素による分解／消化があるが，主に寿命の長いタンパク質や，異物処理などのために細胞外から取り込まれたタンパク質がこの機構で処理される．他の一つは**プロテアソーム**(proteasome)という巨大なプロテアーゼ複合体によって細胞制御に関する寿命の短いタンパク質などが分解される機構である．プロテアソームで分解されるタンパク質は，**ユビキチン**(ubiquitin)という小さなタンパク質が多数共有結合した**ポリユビキチン鎖**が結合していることが目印となる.
polyubiquitin chain

解 説　**ユビキチン**

ユビキチンは細胞に普遍的に存在する小さなタンパク質で，タンパク質分解の目印や，機能修飾の道具として使われる.

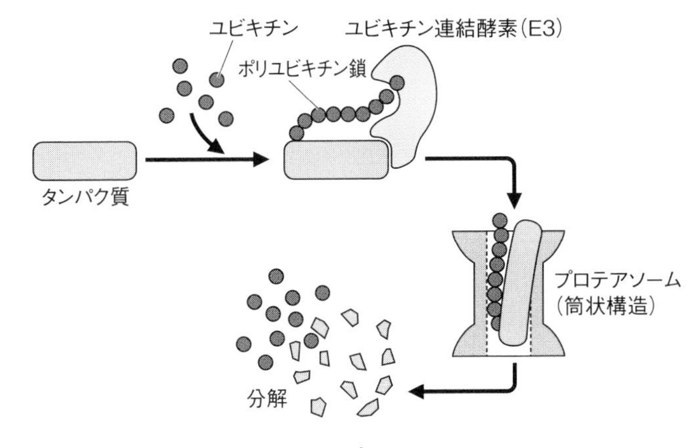

図6·8　ユビキチン–プロテアソームシステム

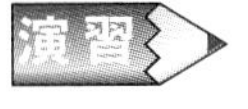

1. 転写で必要とされる三リン酸型ヌクレオチドは複製で必要とされる三リン酸型ヌクレオチドとどこが違うか．転写の鋳型になるDNAは一本鎖か，それとも二本鎖か.
2. N端からC端に向かってメチオニン–グリシン–セリンという3アミノ酸からなるペプチド（3章参照）をコードするRNAの塩基配列は何通りありうるかを計算しなさい.

＜発展学習＞　細胞内シグナル（情報）伝達：外部刺激に細胞が応答するしくみ

1　刺激情報の入り口

細胞内**シグナル（情報）伝達**（signal transduction）のため細胞に生理的な効果を与える物質を**リガンド**（ligand）というが，これにはタンパク質（成長因子，インスリン，インターフェロン，細胞表面タンパク質など）のほか，ビタミン，アドレナリン，金属イオンといった小さなものまで様々なものがある．リガンドが結合する細胞側のタンパク質を**受容体**（receptor）といい，主に細胞表面にある．

2　細胞内の情報伝達ルート

リガンドが受容体の細胞外部分に結合すると，細胞内部分が変化して活性化する．最も多い活性化様式は，**タンパク質リン酸化酵素**（＝**プロテインキナーゼ**）（protein kinase）活性が現れる機構である（注：受容体が酵素の場合と酵素が付随する場合とがある）．プロテインキナーゼはタンパク質活性化酵素の総称で，タンパク質中の特定アミノ酸（例：チロシン，セリン，トレオニン）をリン酸化する多くの種類が存在する．活性化にはこのほかにも，受容体に結合している別種のタンパク質や酵素が活性化する例，受容体が切り離されて機能を発揮する場合などがある．活性化した受容体やそれに関連した物質の活性化は次の機能の分子の活性化につながり，下記のように情報が伝えられる．

(1) G タンパク質：**G タンパク質**（G protein）は GTP（グアノシン三リン酸）結合で活性をもつタンパク質の総称で，GDP（グアノシン二リン酸）結合型は不活性型である．受容体からリン酸化情報を受け取るもの，受容体に付随してリガンド結合により活性化されるもの，細胞内で活性化シグナルを受け取ったタンパク質と結合して情報を別のタンパク質やプロテインキナーゼに伝えるものなどがある．

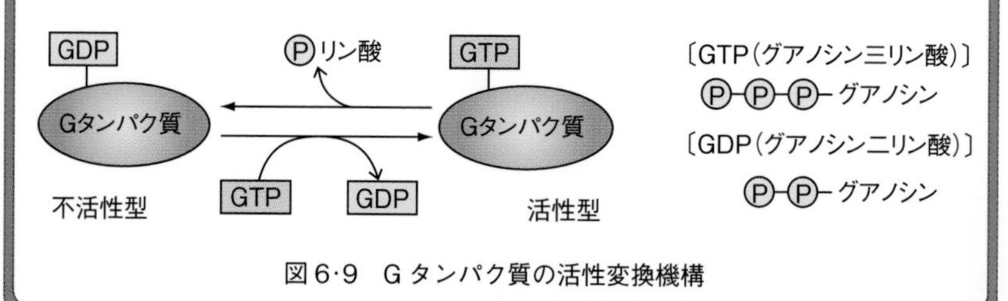

図6·9　G タンパク質の活性変換機構

(2) プロテインキナーゼ反応の連鎖：あるプロテインキナーゼが別のプロテインキナーゼをリン酸化すると，活性化されたキナーゼがさらに別のキナーゼを活性化するというシステム，すなわち**プロテインキナーゼの連鎖反応**（注：カスケードという）もよくみられる（例：MAP キナーゼカスケード）.

(3) 脂質がかかわる例：シグナルを受けて活性化したリン脂質分解酵素が**イノシトールリン脂質**（inositol phospholipid）を分解し，できたイノシトールリン酸やジアシルグリセロール（DAG）がさらにシグナルを下流分子に伝える.

(4) セカンドメッセンジャー：シグナル伝達で生じる**環状 AMP（cAMP）**（cyclic AMP）や DAG などは，新たなシグナル発信源となってそれぞれプロテインキナーゼAやプロテインキナーゼCを活性化するので，**セカンドメッセンジャー**（second messenger）（＝二次伝達物質）といわれる.

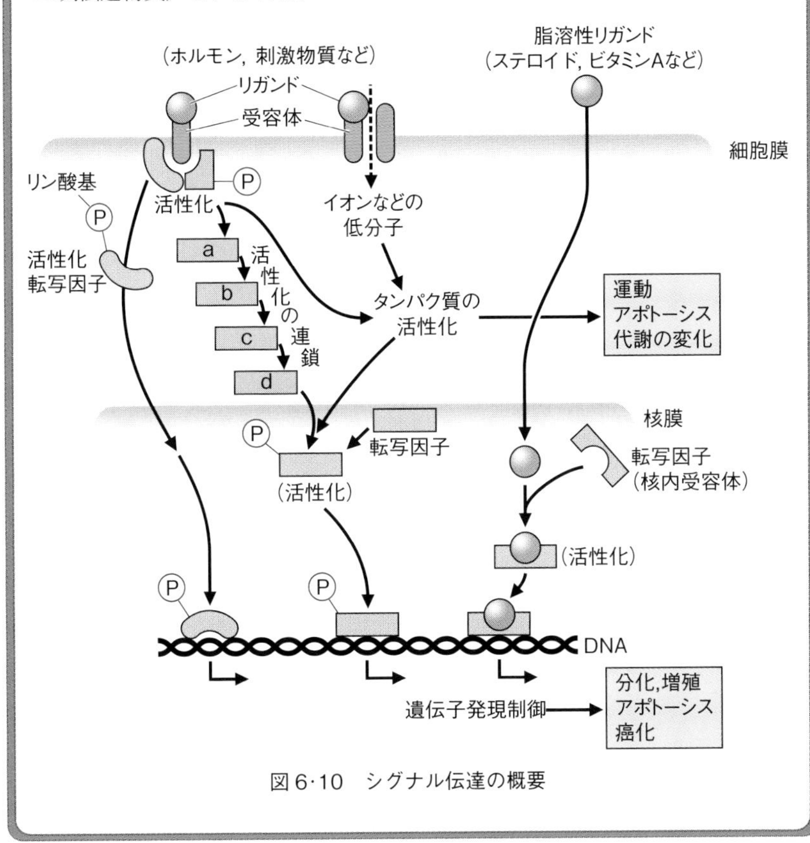

図 6·10　シグナル伝達の概要

3　情報の最終標的とその効果

シグナル伝達の主な標的は転写調節因子であり，その種類は非常に多い．シグナルを受けた細胞の特定の遺伝子発現が活性化されると，細胞は増殖，分化，アポトーシス（死），ストレス応答などに向かう．シグナル伝達の標的がアクチンなどの細胞骨格タンパク質の場合は細胞が運動性を獲得したり，形を変化させたりする．

4　核内受容体：脂溶性リガンドの働き方

低分子の**脂溶性リガンド**（例：**ステロイドホルモン**（steroid hormone）［性ホルモンや副腎皮質ホルモンなど］，甲状腺ホルモン，ビタミンAやD，分化因子のレチノイン酸）は直接細胞に入って受容体タンパク質と結合する．受容体は転写調節因子であり，DNA上の転写調節部分に結合して転写を活性化する．

解 説

環境ホルモン

農薬やプラスチックなどの環境に放出される物質の中には，核内受容体のリガンドのように作用（あるいはその作用を阻害）するものがあり，**環境ホルモン**あるいは**内分泌撹乱物質**（endocrine disruptor）といわれる．動物のホルモンバランスを乱すなどの問題が指摘されている．

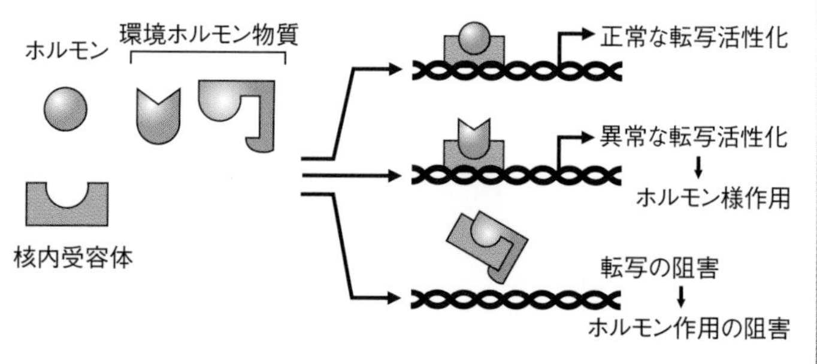

図6·11　環境ホルモンが作用を表すしくみ

7 次世代個体を誕生させる：生殖と発生・分化

生物の増殖「生殖」には遺伝子の組換えや細胞の融合を伴う有性生殖と伴わない無性生殖があり，有性生殖にかかわる配偶子は減数分裂でつくられる．動物の受精卵は卵割を繰り返しながら胚として発生・成長し，個々の細胞は遺伝子発現制御を受けながらそれぞれの組織に分化し，器官が形成される．分化，再生する細胞の元の細胞を幹細胞というが，胞胚の内部細胞塊に由来するES細胞はすべての組織に分化できる能力をもっている．

7·1 生殖：個体の増殖

7·1·1 2種類の生殖方式

次世代個体をつくる**生殖**(reproduction)には**無性生殖**(asexual reproduction)と**有性生殖**(sexual reproduction)がある．有性生殖では細胞の融合や遺伝子の再編成が起こるのに対し，無性生殖は通常の細胞分裂だけで増え，親と同じ遺伝構成（正確にはゲノム構成）の個体ができる．真核生物の体細胞のようにゲノムセットが2組の状態を**二倍体**(diploid)（一般的表現は**複相**(diplophase)）といい，その半分のものを**一倍体**(haploid)（一般的表現は半数体／**単相**(haplophase)）という．脊椎動物のように有性生殖しか見られないものもあるが，多くの真核生物は両方の生殖形式をもつ．真核生物の生物体が複相 → 単相 → 複相 →→ と交代する現象を**世代交代**(alternation of generation)といい，単相細胞をつくる減数分裂から有性生殖までの間を**単相世代**，有性生殖時から減数分裂までの間を**複相世代**という．複相世代は進化に伴って長くなる傾向にある．

7·1·2 無性生殖

原核生物は単純な二分裂という無性生殖で増えるが，真核生物にみられる無性生殖には様々なタイプがある．一つは細胞や組織が親から脱落したり芽を出したり（**出芽**(budding)）し，それが個体に成長する．細胞からの無性生殖には，変形菌が**分生子**(conidium)（**無性胞子**(asexual spore)の一種）で増える，出芽酵母が出芽で増える，ゾ

表 7·1　生殖方式

	有性生殖	無性生殖
特徴	・減数分裂により複相（2*n*）の細胞から単相（*n*）の生殖細胞（配偶子）をつくる ・配偶子は形態により，運動性のない胞子，鞭毛をもつ同形配偶子（アオミドロ）や異形配偶子（アオサ），さらには精子と卵（子）などに分けられる ・配偶子の合体／融合により複相の接合子や受精卵ができる ・細胞融合により染色体の交換を行うものもある	・二分裂による増殖 ・出芽による増殖 ・体の一部が離れて増える ・胞子で増える（A：無性胞子で増える．B：有性胞子で増える*） ・地下茎や球根，ほふく茎（イチゴ）で増える ・体細胞クローン技術で増える

*：カビやキノコの有性胞子（*n* の子のう胞子，担子胞子）から多数の個体が生まれるが，いずれ融合して 2*n* となるので，有性生殖の準備段階とみなすことができる．

ウリムシが二分裂で増えるなどの例がある．組織から無性生殖する例には，植物で多くみられる**栄養生殖** (vegetative reproduction)（例：山イモのムカゴ（芽）やチューリップの球根）や動物の出芽（例：ヒドラの出芽）などがある．無性生殖のもう一つの様式は減数分裂でつくられた胞子（注：分生子と区別して**真正胞子** (euspore) という場合がある）が元となって個体ができるというもので，胞子生殖ともいう．形態が胞子とは異なり，鞭毛をもって運動するものは**遊走子** (zoospore) という．胞子をつくる個体を**胞子体** (sporophyte)，配偶子をつくる個体を**配偶体** (gametophyte) という．

7·1·3　有性生殖にあずかる細胞

有性生殖にあずかる半数体の細胞を**配偶子** (gamete) という．2 個の配偶子の大きさが同じ**同形配偶子** (isogamete) と異なる**異形配偶子** (anisogamete) があるが，多くは運動のための鞭毛をもつ．これに対し運動性のない大型の**卵** (egg)（メス由来）と鞭毛をもつ小型の**精子** (sperm)（オス由来）という配偶子の組合せもある．明確な性的特徴をもつ雌雄 2 種の配偶子がかかわる有性生殖は**両性生殖** (bisexual reproduction) といい，後生動物の大部分がこの方式をとる．有性生殖が一般の細胞の間で起こる場合があり，単相の細胞が融合する（例：アオミドロ個体の細胞や菌類の菌糸細胞の融合）．単相の細胞の融合を一般に**接合** (conjugation)，その結果つくられる二倍体細胞を**接合子** (zygote) というが，精子と卵の融合の場合は**受精** (fertilization)，できた細胞を**受精卵** (fertilized egg) という．

7·1·4　生物の生活環

a. 菌類：担子菌の場合，キノコ（菌糸の集まった**子実体** fruit-body）から減数分裂により胞子ができる．胞子には 2 種類あり，それぞれは発芽して**菌糸** hypha を伸ばし，この単相菌糸が接合後，成長，集合してキノコが形成される．

b. 藻類：緑藻類ではまず複相の藻［**葉状体** thallus］が単相の遊走子をつくり，それが発芽して雌雄別々の葉状体となる（外見上は複相のものと似ている）．おのおのの個体からつくられた異形配偶子が接合し，成長して複相の葉状体となる．

c. コケ植物：通常みられる個体は単相で，雄株と雌株の区別がある．それぞれの個体は造精器で精子，造卵器で卵をつくる．精子が卵と受精して複相の胞子体となるが，引き続き減数分裂が起こって，胞子ができ，それが放出される．

d. シダ植物：通常みられる複相の個体から胞子ができ，これが発芽して**前葉体**という配偶体ができるが，これらから卵と精子がつくられる．受精卵から成長したものが胞子体としてのシダの本体となる．

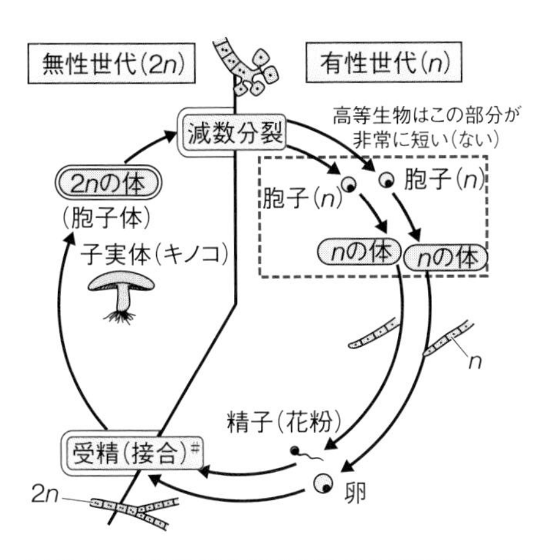

図 7·1　有性生殖を行う生物の生活環の一般型
主に菌類，藻類や植物を中心に示すが，他の生物も基本的に同等．キノコ（担子菌）を例にとり図示した．
#：接合を行う場合は精子，卵はない

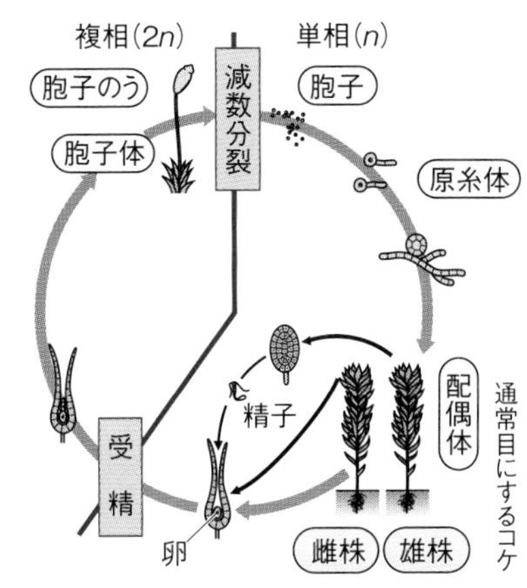

図 7·2　コケ（スギゴケ）の生活環

1 2 3 4 5 6 7 8 9 10 11 12 13 14

e. 種子植物：通常の植物体は複相体で，一つの花に花粉（精子に相当）と卵（子房内部の胚のうに存在する）ができる（注：両性花の場合）．配偶体は存在せず，すぐに受精して複相体の胚が種子内にできる（11 章参照）．

f. 原生動物：無性生殖で増えるが，時として配偶子をつくり有性生殖を行う．ゾウリムシは接合して遺伝子の交換を行うが，この現象は遺伝的再構成を伴うため，有性生殖とみなされる．

g. 動物：一般に複相の体をもつ世代で育ち，単相の体をもつ時期はない．

h. その他：ミズクラゲはオスが放出した精子がメスの体内の卵と受精し，やがてメスの体内から幼体（**ポリプ** polyp）が放出される．ポリプは岩などに固着して成長し，やがてそこから組織が千切れて，小型クラゲが多数放出される．これが成長して成体のクラゲとなる．

Column

オスなしで増える単為生殖

単為生殖 parthenogenesis は，雌雄が明確な生物で，雌性配偶子である卵が精子との受精なしで発生（単為発生）して子孫をつくる現象で，節足動物（ミツバチ，ミジンコ，アリマキ）やワムシなどの動物，ドクダミやタンポポなどの植物にみられ，有性生殖の変形と見なされる．卵が単相で発生する場合と，何らかの原因で複相となった卵から発生する２種類がある．哺乳類には単為生殖がないが，この理由として発生や成長における**ゲノムインプリンティング** genomic imprinting（遺伝子刷り込み．配偶子形成～受精・発生時にクロマチンが修飾される現象．5·2·4 項参照）の必要性が指摘されている．

7·1·5　有性生殖の利点とは？

有性生殖は多くのエネルギーと時間を使うのに個体数はそれほど増えないため不経済である．しかし，染色体の組合せや組換えをすることにより遺伝

解説

原核生物にも有性生殖がある

大腸菌には **F 因子** F-factor（**稔性因子** fertility factor）という**プラスミド** plasmid（少数の遺伝子をもつ染色体外の小型 DNA）が存在する．この DNA をゲノム中にもつ大腸菌は，アオミドロの有性生殖のように F 因子をもたない大腸菌と接合した後，染色体を受容菌に挿入し，受容菌内で組換えを起こす．

的多様性を高められるという利点があり，これにより新たな環境に適応できる個体が生まれる確率が高まる．また複相個体では一方の遺伝子の不利な変異を他でカバーできるので，すぐには生存に影響しない．他方，単相である原核生物は驚異的な増殖速度をもつことにより突然変異の頻度を上げ，無性生殖の欠点の一つを補っている．

7·2　配偶子の形成

7·2·1　減数分裂のしくみ

有性生殖専用の細胞である配偶子は**減数分裂**（meiosis）という特殊な細胞分裂によってつくられる．減数分裂では細胞分裂が二度（**減数第一分裂, 減数第二分裂**）起こるが，減数第一分裂前に複製した各染色分体が接近して並び，それが分かれる．減数第二分裂の前の染色体複製がないため，細胞は染色体が半分の半数体となる．動物細胞の場合，減数分裂は生殖組織に用意されている精原細胞や卵原細胞が元になる．精原細胞の場合，まずこの細胞が成熟して一次精母細胞になり，それが分裂して二次精母細胞となる．その後 DNA 複製を経ないで細胞分裂が起こるため，染色体は単相の状態で分かれ，その結果 1 個の精原細胞から 4 個の精細胞／精子ができる．

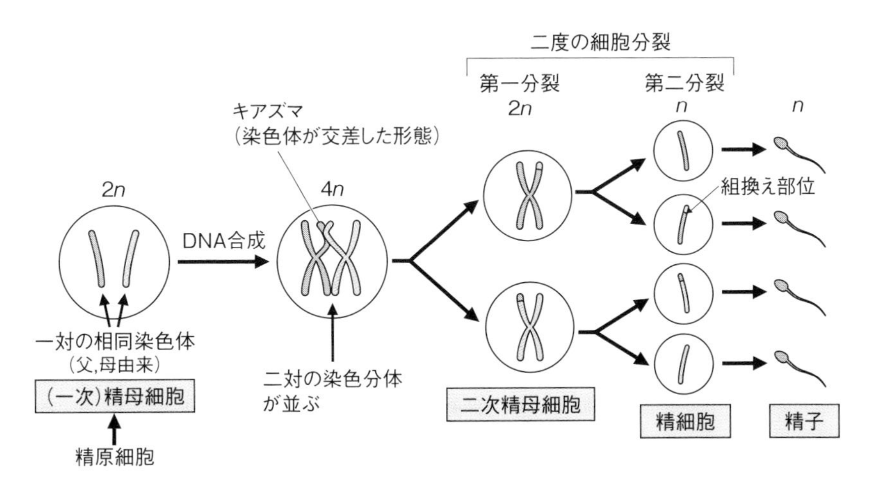

図 7·3　減数分裂のしくみ（動物の精子形成の場合）
1 個の精母細胞から 4 個の精子ができる．

7･2･2　動物の卵形成

動物の卵も精子と同様に減数分裂でつくられるが，減数第一分裂後，1 組の染色体が**極体**(polar body)という小さな細胞に包まれるため，見かけ上は**卵母細胞**(oocyte)から極体が放出される．減数第二分裂でも極体の放出が起こり，最初の極体も分裂すると，最終的に成熟した 1 個の卵と 3 個の極体ができる．卵割（下記）で細胞が小さくなることを見越して最初にできるだけ大きい卵を準備する必要があることがこのような現象の起こる理由と考えられる．

解説

キアズマと染色体の乗換え

減数分裂の第一分裂前，相同な染色分体が並んだ部分で染色体が複雑に**交差**する像（**キアズマ**）が見られる．キアズマを境界に染色体の**乗換え**(crossing-over)と遺伝子の**組換え**(recombination)が起こる．交差は配偶子形成に必要である．

7･3　動物の発生：受精卵から胚，成体への成長

7･3･1　発　生

多細胞生物では受精卵が分裂を繰り返して**胚**(embryo)が形成される．胚の各細胞は**分裂**(cell division)と**分化**(differentiation)（細胞が個性をもつこと）を繰り返して特定の組織や器官を形成し，個体が誕生する．動物が卵殻から外界に出ることを**ふ化**(hatch)というが，昆虫，ウニ，カエルなどでは，ふ化した個体の形態が大人の個体（**成体**(adult)）と異なるので**幼体**(larva)（幼生）とよばれる．幼体は形態変化「**変態**(metamorphosis)」を経て成体となる．受精卵から成体になる一連の過程を**発生**(development)という．

7･3･2　受精，卵割，胞胚形成

単相（n）の卵に単相の精子／精核が侵入し，核が融合して染色体が複相（$2n$）になること（＝受精卵形成）を**受精**(fertilization)という．受精が起こると他の精子の侵入は阻止され，細胞分裂（**卵割**(cleavage)）に伴って胚の形成「**発生**」が始まる．哺乳類の胚は**胎児**(fetus)ともいわれる．卵割で生ずる個々の細胞（**割球**(blastomere)）のサイズがどんどん小さくなるため初期は卵割が進んでも胚全体の大きさは変わらない．ウニ，哺乳類，カエルなどは卵全体で卵割が起こる（全割）が，魚類や鳥類は卵の一部，ハエなどでは表面で卵割が起こる（部分割）．卵割開始か

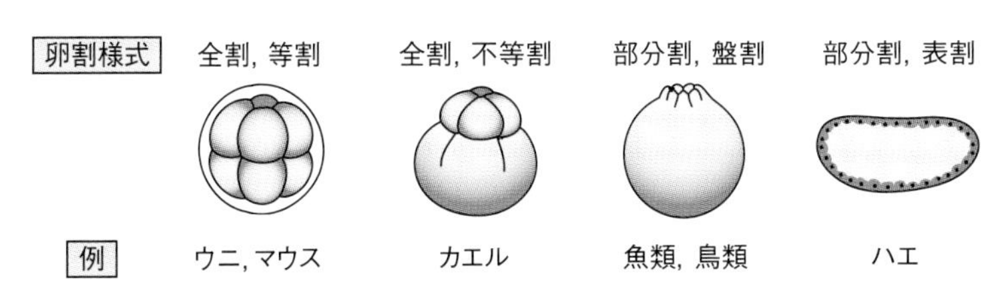

図 7·4　様々な卵割の様式

ら**胞胚** blastula（内部に空洞をもつ胚．**原腸胚**以前）までの胚を**初期胚** early embryo という．初期胚の位置で，元々卵に極体が付着していた側を**動物極** animal pole，反対側を**植物極** vegetal pole という．脊椎動物胞胚の内部の空洞に存在する細胞（**内部細胞塊** inner cell mass）にはいろいろな組織の細胞に分化できる能力（**分化多能性** pluripotency）がある．胞胚の各部分は将来どの器官になるかが決まっている（例：予定神経）．

解 説

調節卵とモザイク卵

ウニの 2 ～ 4 細胞期の割球はそのいずれからでも完全な個体へ発生するが，このような受精卵を**調節(整)卵** regulation egg という．一方クシクラゲの 2 細胞期の個々の割球は不完全な個体にしか発生せず，このような受精卵を**モザイク卵** mosaic egg という．モザイク卵は卵の特定領域がすでに特定の分化能力をもち，調節卵では後の卵割や環境要因で分化が決定されると考える．

7·3·3　脊椎動物の発生プログラム

カエル胞胚は動物極側に空洞（**卵割腔** blastocoele）をもつが，まず**原口** blastopore とよばれる胚の一部（**原口上唇部** blastopore lip）が細胞移動を伴って空洞内に入り，内部に新しい細胞層ができる．ここで形成された新たな空洞を**原腸** archenteron といって腸の原型となるが，この時期の胚を**原腸胚** gastrula という．原腸胚で新しくできた内部細胞層を**中胚葉** mesoderm といい，元々表面にあった 1 層の細胞層を**外胚葉** ectoderm，植物極側から内部に陥入した細胞塊を**内胚葉** endoderm という．原腸胚の形成過程は**中胚葉誘導** mesoderm induction ともいい，**アクチビン** activin はその誘導物質である．原腸胚は神経の原型ができる**神経胚** neurula，筋肉，骨，エラの原型ができる**尾芽胚** tailbud へと発生し，器官が形成されてオタマジャクシとなってふ化する．脊椎動物では内胚葉から消化器，呼吸器，甲状腺が，外胚葉からは表皮，目，神経組織がつくられ，それ以外の器官（骨，筋肉，心臓，血管，泌尿器，生殖器など）は中胚葉に由来する．

1 2 3 4 5 6 7 8 9 10 11 12 13 14

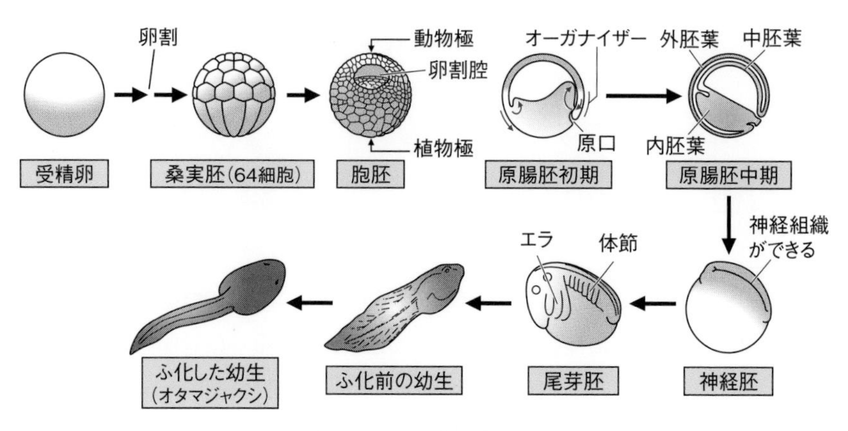

図 7·5　カエル胚の発生

解説

新口動物と旧口動物

原口が成体の肛門となり，口がその後新しくできるものを**新口動物**／**後口動物** deuterostome（例：脊椎動物），原口がそのまま口になるものを**旧口動物**／**前口動物** protostome（例：昆虫，イカ，ミミズ）という（図 1·2 参照）．

Column

オーガナイザー

カエルでは原腸陥入は原口から起こる．原口の上部を胚の別の部分に移植すると，やがてそこから新しい胚ができ（二次胚形成）小さなオタマジャクシが本来のオタマジャクシに付着した形となる．原口上唇部には形態形成を司る中心的な機能があり，**オーガナイザー** organizer（形成体）といわれる．

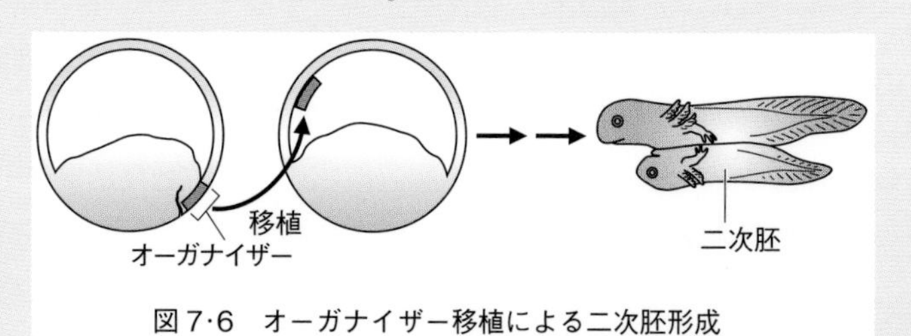

図 7·6　オーガナイザー移植による二次胚形成

7·3·4　ショウジョウバエの発生

ショウジョウバエでは受精卵の段階ですでに**母性効果因子**(maternal effect gene)である細胞調節因子の分布に偏りがあり，これらの調節因子はその後に起こる（下流）遺伝子発現を調節する能力がある．母性効果因子の濃度勾配に依存して胚の体制（例：前後軸，上下軸，左右軸）が決まり，胚が大まかに区分され，それに従って体節がつくられ，やがて各体節に個性が生まれて触角や脚がつくられる．哺乳類でも発生の途中に節のような構造が現れる．体節の個性を決める因子が正常に働かないと頭部から脚が出たりするような変異（**ホメオティック変異**(homeotic mutation)）が現れる．ショウジョウバエの研究から発生にかかわる調節因子の多くが**転写制御因子**(transcriptional regulatory factor)であり，それら因子の働きと連続性が正常な発生に必要なことが明らかにされた. 母性効果因子の多く（例：ビコイド，ナノス）も転写制御因子である．ホメオティック変異にかかわる遺伝子（**ホメオティック遺伝子**）は転写制御因子であるが，同じような遺伝子は哺乳類（例：**Hox 遺伝子群**(Hox gene cluster)）や植物にもあり，やはり形態形成に関与する．

7·3·5　ヒトの発生

卵は卵巣内の濾(ろ)胞細胞中で成熟後に排卵され，輸卵管に入ると子宮に向かって移動する．受精はこのときに起こる．受精卵は卵割を繰り返して胞胚（哺乳類の場合は**胚盤胞**(blastocyst)ともいう）となり，排卵後約 6 日で子宮に着床する．胚ははじめ子宮壁にぶら下がって発生するが，原腸胚期を経て胚葉が形成されると中胚葉の一部が子宮に入り込み，母体との連絡に必要な**胎盤**(placenta)と臍帯(さいたい)（ヘソの緒）が形成される（約 4 週目～）．このあと各胚葉は分化と形態形成を経て，8 週目にはほぼ器官形成が完了し，3 か月目にはヒトらしい形となる．その後の胎児の成長期間を経て，平均で 266 日目に出産となる．

7·4　幹細胞と分化・再生

7·4·1　分化と再生

特徴がなく，ただ増殖するだけの**未分化細胞**(undifferentiated cell)が，形態的・機能的な特色をもつ細胞に変化したり，そのような個性をもつ細胞が細胞分裂を経て出現することを**分化**(differentiation)という．分化した細胞が未分化な細胞に戻る**脱分化**(dedifferentiation)は，通常は起こらない（注：iPS 細胞や癌細胞は脱分化の方向に戻った状態にある）．生体の失われた組織を補充するために分化細胞が増殖する現象を**再生** regeneration といい，動物の表皮や腸管粘膜，血球細胞を産生する骨髄などでは常に再生が起こっている．神経や筋肉もわずかにだが再生する．肝臓には一部を切り取られても元の大きさまで復元する再生能力があり，進化度の低いヒトデやイモリなどの動物には高い再生能力が備わっている．

7･4･2　幹細胞と分化能

分化細胞を生み出す元になる細胞を**幹細胞** stem cell といい，増殖と分化という二つの能力をもつ．幹細胞は存在部位により**生殖幹細胞** germinal stem cell，**体性幹細胞** somatic stem cell，**胚性幹細胞** embryonic stem cell に分けられる．胚性幹細胞（**ES 細胞**）の代表的なものとして哺乳類胞胚の胞胚腔にある**内部細胞塊**がある．ES 細胞には様々な細胞に分化できる**多能性分化能** pluripotency があり，一般に**万能細胞**といわれる．受精卵のように 1 個体をつくれる能力を**分化全能性** totipotency というが，扁形動物のプラナリアは細かく切り刻んでも断片から 1 個の個体に成長する分化全能性があり，また植物は基本的

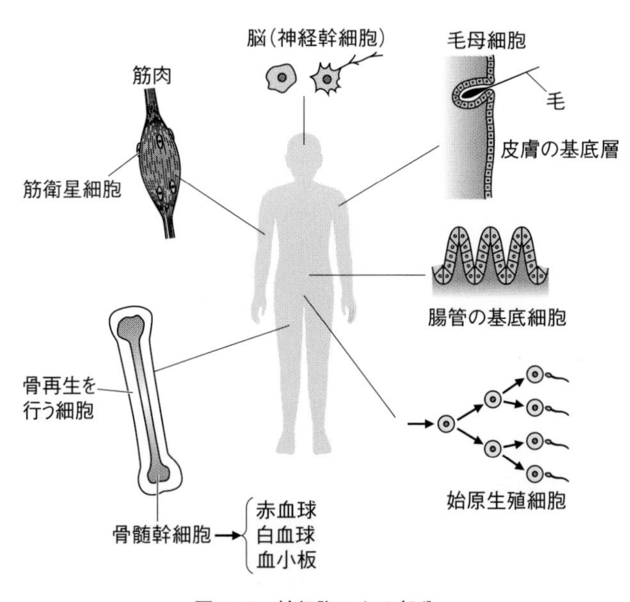

図 7･7　幹細胞のある部分

にどの細胞も分化全能性をもつ．成体組織中の体性幹細胞の中には一つの細胞にしか分化できない**単能性幹細胞**（unipotency）が様々あるが（例：神経幹細胞，上皮幹細胞），中には多くの組織に分化できる多能性幹細胞（例:骨髄間葉系幹細胞）もある．分化細胞は，細胞内物質の偏りが非対称（不均等）細胞分裂を生むという内的要因と，周辺の細胞によりつくられる微小環境（**ニッチ**（niche））が幹細胞を分化させるという外的要因の二つの要因により生ずる．

Column

再生医療

人為的に再生させた組織や器官を材料にする医療を**再生医療**（regenerative medicine）という．**ES 細胞**はそのためのよい材料ではあるが，倫理的（個体の萌芽である受精卵を使用する），技術的（卵の確保，拒絶反応），そして法的問題がある．**体細胞**（皮膚などの普通の細胞）を遺伝子操作を施して脱分化させ，分化の全能性をもたせたものを**人工多能性幹細胞**（induced pluripotent stem cell）（**iPS 細胞**）というが，この細胞だと自身の組織から再生組織をつくることができ，倫理的な問題も少ない．ただ，いずれの場合も膨大な時間と労力が必要である．近年は多くの移植適合型の ES 細胞や iPS 細胞を事前に用意しておき，より適した型由来の分化細胞を拒絶反応を抑える薬と共に用いるという，より現実的対応がとられ始めている．

1. アジサイの枝を土に挿すと根が出て成長し増える．このような人為的に植物を増やす技術「挿し木」は，どのような生殖方法に分類されるか．
2. 有性生殖では受精により染色体数が倍加するが，このようにして子孫が代々経過しても染色体数が変化しないのはどのような理由によるか．
3. ビタミン A に似た物質レチノイン酸は手足の元になる組織の形成を促進する．「妊娠中はニンジンを食べ過ぎないように」といわれる理由を，レチノイン酸の作用を元に考えなさい．

8 動物の器官

血液は心臓の働きによって体を循環し，酸素の供給や，栄養／老廃物の運搬を行い，また中にある血液細胞は，酸素運搬，血液凝固，生体防御にかかわる．栄養素は消化管で低分子にまで消化された後で腸から吸収され，血中老廃物の排出や水分／塩分の調節は腎臓で行われる．筋肉はATPのエネルギーをアクチン／ミオシンのすべり運動に変換して力を発生させ，目や耳などの感覚器は，物理・化学的刺激を神経情報に変換する．

8·1　循環器

8·1·1　血管系と心臓

体液循環システムを**循環器系** (circulatory system) といい，血液が通る血管系とリンパ（液）が通るリンパ系がある（図 8·1）．**心臓** (heart) は血液を送るポンプの役目をもつが，その動きは自律的で，神経支配を受けない．心臓から出た血管（**動脈** (artery)）が組織で**毛細血管** (capillary vessel) となり，**静脈** (vein) となって心臓に戻る**閉鎖血管系** (closed blood-vascular system) に対し，昆虫などは毛細血管がなく，血液が組織にしみ込む**開放血管系** (open blood-vascular system) をもつ．心臓で血液を送る部位を**心室** (ventricle)，戻る部位を**心房** (atrium) というが，魚類は 1 心室 1 心房，哺乳類や鳥類は 2 心室 2 心房の構造をもつ．哺乳類は血液が左心室から出て全身を巡り，右心房に戻る**体循環** (systemic circulation) と，右心室から肺に行き，左心房に戻る**肺循環** (pulmonary circulation) の二つがあるが，肺循環はガス交換（8·1·4 項）のために行われる．動脈は身体の深部を通り，約 100 mmHg の血圧がそのままかかるために血管壁は厚く，他方静脈やリンパ管は薄く逆流を防ぐ弁をもつ．

8·1·2　血液の組成

血液には大量のタンパク質が溶けているが（注：二酸化炭素運搬にかかわるアルブミンや生体防御にかかわるグロブリン），ほかにも栄養素や無機塩類，ビタミンやホルモンなどが含まれる．血中にある細胞成分を**血球** (blood cell)

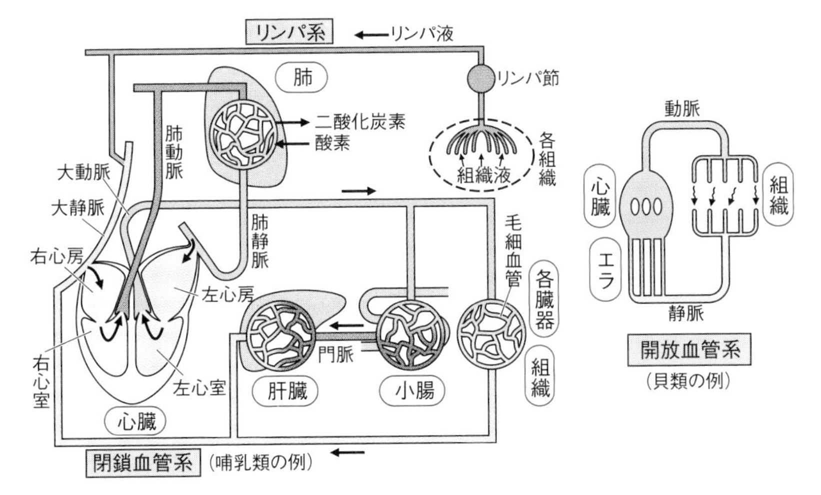

図 8·1　心臓と循環系の構造
青色と赤色はそれぞれ酸素の少ない，あるいは多い血液を表す．

といい，多くの種類がある（8•1•3 項）．血液を静置すると，凝固して塊(かたまり)（**血餅**(けっぺい)(blood) clot）と液体（**血清** serum）に分かれるが，前もって血液凝固阻止剤を加えておくと血球と上澄みの**血漿**(しょう)(blood) plasma に分かれる（注：血液凝固で機能するタンパク質［**フィブリン** fibrin］が可溶性のフィブリノーゲンとして血漿に残る）．

8·1·3　血　球

血球は大きく**赤血球** erythrocyte，**白血球** leucocyte（**リンパ球** lymphocyte を含む），**血小板** platelet に分けられ（図 8•2），いずれも骨髄にある多能性幹細胞が分化してつくられる．赤血球は直径 10 μm 弱の扁平な細胞で（ヒトのものには核がない），酸素を運ぶ**血色素** h(a)emoglobin（**ヘモグロビン**：鉄を結合したヘムをもつタンパク質）があるため赤い．血小板は血中に見られるものは細胞の断片で，**血液凝固因子** blood coagulation factor を含んで血液凝固にかかわり，物理的刺激やストレスがかかる血管内表面環境によって凝固因子が漏出する．白血球は色素がなく核をもつ細胞の総称で，大きさは直径 10 ～ 25 μm 程度である．運動性や食作用があり，整った単一核をもつ大型のものを**単球** monocyte，多形核をもち顆粒を含むものを**顆粒球** granulocyte，小型で整った核をもつものを**リンパ球**といい，それぞれ複数の種類の細胞がある．異物処理，細胞認識，抗体分泌などを介して免疫応答や生体防御にかかわる（10 章）．

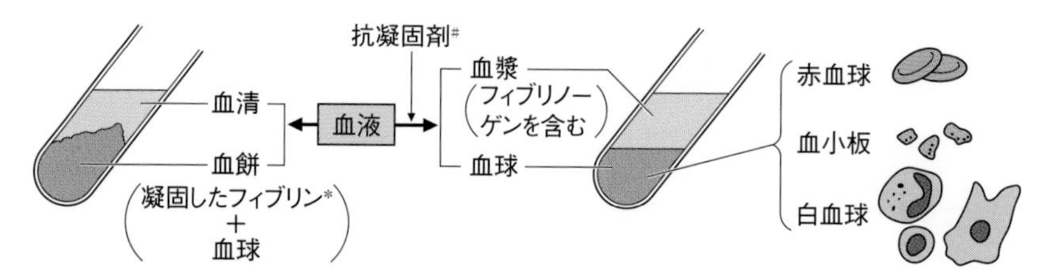

図 8·2 血液の組成と血球
*：フィブリノーゲンは血液凝固反応で不溶性のフィブリンとなる
#：ヘパリンやクエン酸

解 説

脾(ひ)臓

脾臓(spleen)は胃の近くの赤褐色卵型の器官で，古い赤血球の破壊や血液貯蔵にかかわる．食事後の急激な運動で横腹が痛いのは脾臓の活動のため．

Column

血液型とは

ABO 式血液型(ABO blood type)の場合，A 型，B 型，AB 型，O 型の人はそれぞれ赤血球表面に A，B，A&B というタンパク質をもつ（O 型はいずれももたない．A や B は共に優性遺伝する）と同時に，A 型には血清中に B に対する抗体（結合タンパク質：10 章参照）（抗 B 抗体）があり，B 型には抗 A 抗体がある．AB 型はいずれの抗体ももたず，O 型は両方の抗体をもつ．誤って A 型の血液を B 型の人に輸血すると，入った細胞が凝集するため危険である．Rh 式はカニクイザルのもつタンパク質（Rh）に基づく血液型で，Rh（−）の人には Rh（+）の血液を輸血しない（注：輸血で新たに抗体ができてしまい，次の輸血ができなくなるため）．

解 説

毛細血管と組織液

毛細血管は末端組織に広がる細い血管で，酸素や栄養の出し入れが行われる．実際には血管がすべての細胞に接することができないため，血管から液体成分が漏出し，これが組織液（あるいは細胞間液）となって広がる．

8·1·4 呼吸器とガス交換

肺(lung)は魚のエラから進化したもので，枝分かれした気管支の先に肺循環の毛

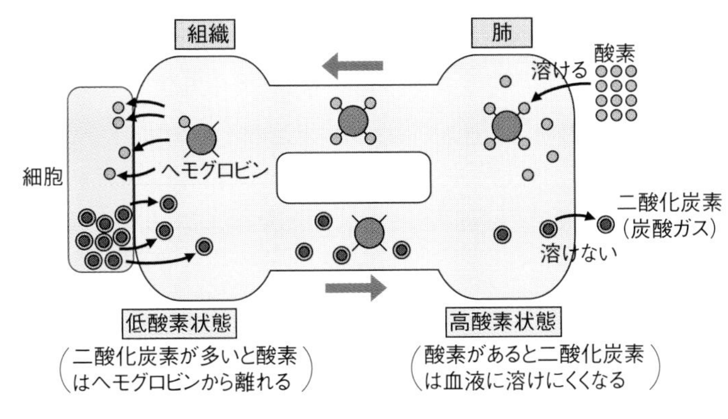

図 8·3　ガス交換の原理
ヘモグロビン（血色素）は赤血球中に存在する

細血管が付着した**肺胞**(alveolus)があり，ここで酸素を取り入れて二酸化炭素を排出する．これを**ガス交換**(gas exchange)あるいは**外呼吸**(external respiration)という．赤血球中のヘモグロビンは酸素濃度の高い肺では酸素が結合し，低い組織では離れ，また二酸化炭素は酸素をヘモグロビンから解離させる働きをもつため，組織と肺での酸素の移動が可能になる．二酸化炭素は血漿に溶けて組織から肺胞に運ばれるが，高酸素条件では溶けにくいため，肺胞で血管外に放出される．

解 説

一酸化炭素中毒

不完全燃焼で出る一酸化炭素は酸素よりも強くヘモグロビンと結合するため酸欠を起こして中毒症状が出る．高濃度の酸素で解毒できる．

8·1·5　リンパ系

リンパ系(lymphatic system)は組織中の毛細リンパ管からリンパ管を経て，鎖骨下静脈で血管に合流する(注:動脈に相当するものはない)．リンパ管の内部にはリンパ(リンパ液）があるが，元々は組織液で血漿と似た成分をもち，リンパ球などの白血球が含まれる．リンパ管の途中（四肢の付け根，内臓の周囲など）にはコブのような**リンパ節**(lymph node)があり，内部には白血球が蓄積されており，増殖もみられる．感染症や特定の疾患があると腫れる．

1 2 3 4 5 6 7 8 9 10 11 12 13 14

8・2　消化器系：消化と吸収

8・2・1　消化管の構造と機能

口から肛門に至る消化と吸収を行うホース状の器官を**消化管**alimentary canalといい，これに唾液腺，膵臓，肝臓などが合わさり，**消化器系**digestive systemが形成される．消化管は発生初期に原腸として貫入した部分を起源としている（1章参照）．消化管では消化酵素を含む消化液が分泌され，栄養成分（多糖類，タンパク質，脂肪など）は吸収されやすい低分子にまで消化（分解）される（表8・1）．消化酵素の中には不活性な前駆体として分泌され，その後部分的に切断されて活性型になるものがある（例：キモトリプシンはキモトリプシノーゲンとして分泌）．消化管はホースをしごくような動き（**ぜん動運動**peristalsis）によって内容物を混ぜ，送り出す（注：逆立ちしても水が飲めるのも食道のぜん動運動による）．

8・2・2　口 ～ 胃

口は食物を砕き取り込む器官である．**唾液腺**salivary glandから**アミラーゼ**amylaseが分泌され，デンプンがマルトース（注：グルコースの二量体）にまで分解されるが，すぐに食道に送られるため，実質的な消化はほとんど進まない．胃は頭ほどの大きさの袋状器官で，**胃酸**gastric acidと消化酵素を含む**胃液**gastric juiceを分泌する．食道から食物が入ってくる入り口を噴門，出口を幽門といい，食物が入ると幽門部付近から**ガストリン**gastrinというホルモンが分泌され，胃液や胃酸の分泌が促進される．胃酸の主成分は**塩酸**hydrochloric acidでpH 1～2という強酸性であるが，これには殺菌・消毒の意味もある．胃の主な消化酵素は**ペプシン**pepsinで，これによりタンパク質がまず長めのペプチド（これをペプトンという）に消化される．粘液が胃壁を保護しているため，胃壁自体は消化されない．胃では**リパーゼ**lipaseも分泌され，中性脂肪の一部はグリセロールと脂肪酸に分解後吸収される．

8・2・3　十二指腸で分泌される消化液

胃の内容物は小腸の始まりである**十二指腸**duodenumに入るが，ここで分泌される**膵液**pancreatic juice（膵臓液）と**胆汁**bile（肝臓でつくられ胆のうで濃縮される）がアルカリ性なため，pHは一気に中和され，むしろアルカリ性に傾く．**膵臓**pancreasは黄色がかった器官で，多くの消化酵素を分泌する．**アミラーゼ**はデンプンをマルトースにする．中性脂肪は再度**リパーゼ**で処理され，他の脂質も別の酵素で分解される．**胆汁**には石けんのような作用があり，油を細かな粒に分散（乳化）させて消化を助ける．**トリプシン**(trypsin)と**キモトリプシン**(chymotrypsin)（注：いずれもタンパク質の内部を切断する）はタンパク質〜ペプトンをより小さなペプチドにし，カルボキシペプチダーゼはそれをさらに細かなペプチドやアミノ酸にする．このほか DNA や RNA を分解する酵素も分泌される．膵臓は内分泌器官でもあり，血糖値を上げる**グルカゴン**(glucagon)と下げる**インスリン**(insulin)とがそれぞれ α 細胞と β 細胞から分泌される（9 章）．

8·2·4　肝臓の多様な働き

肝臓(liver)は腹部の右上部にある大きな褐色の器官で，内部では様々な化学反応が起こっており，また主要な熱発生部位でもある．小腸で吸収された栄養は**門脈**(portal vein)という血管を通って肝臓に入るが，グルコースはグリコーゲンとして貯蔵され，必要になると分解されてグルコースになる（4 章）．肝臓では**コレステロール**(cholesterol)も合成されるが，コレステロールからは胆汁酸が，また，赤血球のヘモグロビンから黄色い色素ビリルビンがつくられる．血漿タンパク質のアルブミンも肝臓でつくられる．肝臓は**毒物処理（解毒**(detoxication)**）**でも重要であり，また**尿素サイクル**(urea cycle)という代謝系によって，アミノ酸分解で生じた有害なアンモニアが毒性の弱い尿素に変えられる．

解 説

尿素サイクル（尿素回路）

アンモニアと二酸化炭素がオルニチンというアミノ酸と反応してシトルリンができ，さらにアスパラギン酸と反応するとアルギノコハク酸ができ，続いてアルギニンとなる．ここで尿素が放出されてオルニチンになり，代謝サイクルの最初に戻る．

8·2·5　小腸から大腸へ

消化の仕上げは**小腸**(small intestine)で行われ，同時に**栄養分の吸収**も行われる．二糖のマルトースは**マルターゼ**(maltase)でグルコースに，ラクトース（乳糖）は**ラクターゼ**(lactase)でグルコースとガラクトースに，ショ糖は**スクラーゼ**(sucrase)でグルコースとフルク

表 8·1　消化酵素の作用

器官	消化液，その他	消化酵素		
		糖	タンパク質	脂質（中性脂肪の場合）
口	唾液	アミラーゼ（デンプン → マルトース） 事実上あまり効かない		
胃	胃液 胃酸（塩酸） ガストリン （胃液分泌促進ホルモン）		ペプシン （タンパク質 → ペプトン） 酸性で働く	リパーゼ（中性脂肪 → 脂肪酸，グリセロール）*
十二指腸	消化液（膵液，アルカリ性）# 胆汁（脂肪分解を助ける胆汁酸を含む） セクレチン （膵液分泌を促すホルモン）， コレシストキニン §	アミラーゼ（デンプン → マルトース） マルターゼ（マルトース → グルコース）	ペプシン（中性で働く） トリプシン，キモトリプシン （タンパク質，ペプトン → ペプチド） カルボキシペプチダーゼ （ペプチド → 小さなペプチド，アミノ酸）	リパーゼ（中性脂肪 → 脂肪酸，グリセロール）
小腸	消化液（粘膜表面にある酵素［刷子縁酵素］）	マルターゼ（マルトース → グルコース） ラクターゼ（ラクトース → グルコース，ガラクトース） スクラーゼ（スクロース → グルコース，フルクトース）	種々のペプチダーゼ （ペプチド，アミノ酸）	

注）マルトース（麦芽糖），ラクトース（乳糖），スクロース（ショ糖，砂糖），ペプチド（短いタンパク質断片），ペプトン（長めのペプチド）
*必ずしも完全消化されない．# 核酸分解酵素も含む．§ 酵素生産，胆汁分泌を促す．

トースにと，単糖に分解される．充分に裁断されたペプチドはペプチドを外側からアミノ酸を一つずつ削る酵素で完全にアミノ酸にまでなる．このほか脂肪や核酸も消化される．消化された物質を効率よく吸収するため，小腸壁の細胞には多数の細かな毛（絨毛（じゅう））がある．脂質性の栄養素はいったんリンパ管に入り，その後血管と合流する．**大腸** (large intestine) は主に水分の吸収を行って硬い便をつくる．大腸内には細菌が多数棲んでおり，アミノ酸やビタミンをつくったり腸内環境の調整に働いている．小腸と大腸の連結部にある**盲腸** (cecum) はヒトでは退化した虫垂（腸内細菌蓄積場所だが，リンパ組織を含み IgA 抗体を産生するので免疫器官でもある）が付着しているが，草食動物では虫垂は大きく，中に腸内細菌がいてセルロース消化のため実際に働いている．

8·3　腎臓：体液の調節と毒素の排出

8·3·1　動物の排出系

動物は体内の塩分量や水分量の調節や，老廃物や有害物質の排出を**腎臓** (kidney) で行う（注：汗は水分排出よりも体温調節が主な役目）．栄養素の異化により最終的には水素から水，炭素から二酸化炭素，窒素からはアンモニアができ，二酸化炭素は肺から排出される．アンモニアは肝臓で尿素に変換され，腎臓で排出される．腎臓はこのほか不要な水溶性低分子物質，塩類，肝

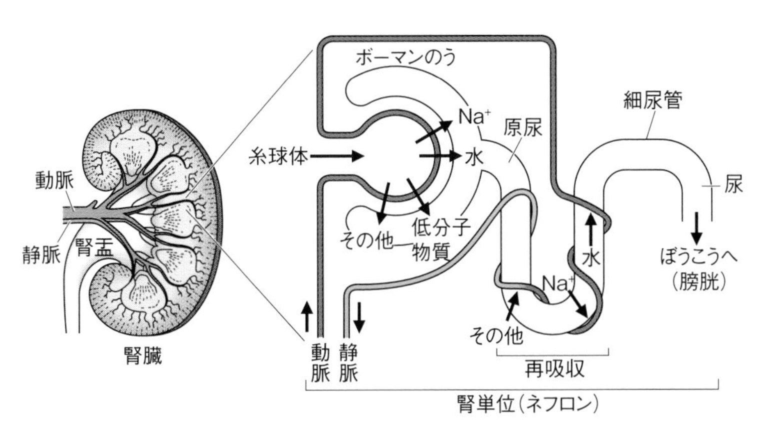

図 8·4　腎臓の構造
糸球体で濾し出された尿（原尿）は，水分，イオン，養分などの再吸収をへて最終的に尿になる．

臓で処理された毒物などの排出を行うが，アミノ酸やグルコースなどの栄養素は漏れ出ないようになっている．無脊椎動物にも腎臓の原型のような器官がある（例：昆虫のマルピーギ管）．腎臓や膀胱など，尿の排泄にかかわる全体を**泌尿器系**(urinary system)という．哺乳類（注：ハリモグラなどの単孔類は例外）は肛門とは別の排泄腔から尿を体外に出すが，大部分の動物では肛門と合流した**総排泄（出）孔**(cloaca)から尿を出す．泌尿器系と**生殖器系**(reproductive system)（卵巣や精巣など）は同じ発生学的起源をもち，魚類などでは輸精管と輸尿管は一体化している．

8･3･2　哺乳類の腎臓の構造と機能

腎臓は背中側の腰の上に 1 対存在するソラ豆状の器官で，内部に多数の**ネフロン**(nephron)（**腎単位**）がある．血液を濾して**尿**(urine)をつくる部分を**腎小体**(renal corpuscle)といい，**ボーマンのう**(Bowman's capsule)という杯状の器官とその中の糸球体という毛細血管からなる．ボーマンのうに尿（**原尿**(primary urine)）がしみ出て**細尿管**(renal tubule)（**尿細管**）に流れる．できた原尿は薄く，栄養素も残っているため，細尿管に再度巻き付いた毛細血管がそこから水分（尿が濃くなる）と栄養素を回収する．こうしてできた尿が集合管に集まって**腎盂**(renal pelvis)という尿路を通って腎臓から出，輸尿管を通じていったん**膀胱**(bladder)にたまる．糖尿病で血糖量の高い状態が続くとグルコースが充分に再吸収されない．細尿管における**水分の再吸収**はバソプレッシンと副腎皮質ホルモン（鉱質コルチコイド）で調節される（9 章）．

8･4　筋肉：エネルギーを運動に変える

8･4･1　筋肉の種類

筋肉(muscle)は ATP がもつエネルギーを筋収縮という力に変える装置である．筋肉にはいくつかの種類がある．腕や足にある筋肉は腱で骨に結合していて**骨格筋**(skeletal muscle)というが，これに対して胃や腸などの筋肉は内臓筋という．骨格筋は意思によって収縮できる**随意筋**(voluntary muscle)であるが，内臓筋およびレンズの厚みを変える筋肉や立毛筋（鳥肌がたつことに関与）などはホルモンと自律神経の協調作用によって制御される**不随意筋**(involuntary muscle)である．骨格筋と心筋（心臓の筋肉）は筋肉を横断する縞模様をもつため**横紋筋**(striated muscle)といわれ迅速で強い力を出せるが，内臓筋は横紋のない**平滑筋**(smooth muscle)であり，長時間の運動に適している．

8·4·2　横紋筋の構造

筋細胞 muscle cell は非常に巨大だが，これは筋細胞が多数の細胞の融合によってできるためである（核は融合しないので多核細胞になる）．筋細胞（**筋繊維** muscle fiber ともいう）の内部には細い繊維が束になっている**筋原繊維** myofibril がある．筋原繊維には明るい明帯（I帯）と暗い暗帯（A帯）が存在し，これが横紋に見える理由である．明帯の中央にはZ膜（Z線）という仕切りがあり，この仕切られた一単位（**サルコメア** sarcomere［**筋節**］）が力を生み出す基本単位となっている．サルコメアが多数縦列しているため合わさって大きな力が発生する．暗帯には繊維状タンパク質の**ミオシン** myosin，明帯には重合した**アクチン繊維** actin fiber（注：球状のアクチンが縦列連結している）があり，挟まり合って存在している．

8·4·3　筋収縮のしくみ

神経からの伝達の結果，筋肉に接する**神経終末部** nerve end で**アセチルコリン** acetylcholine が分泌され，それが筋細胞に活動電位を生じさせる．この刺激により細胞内小

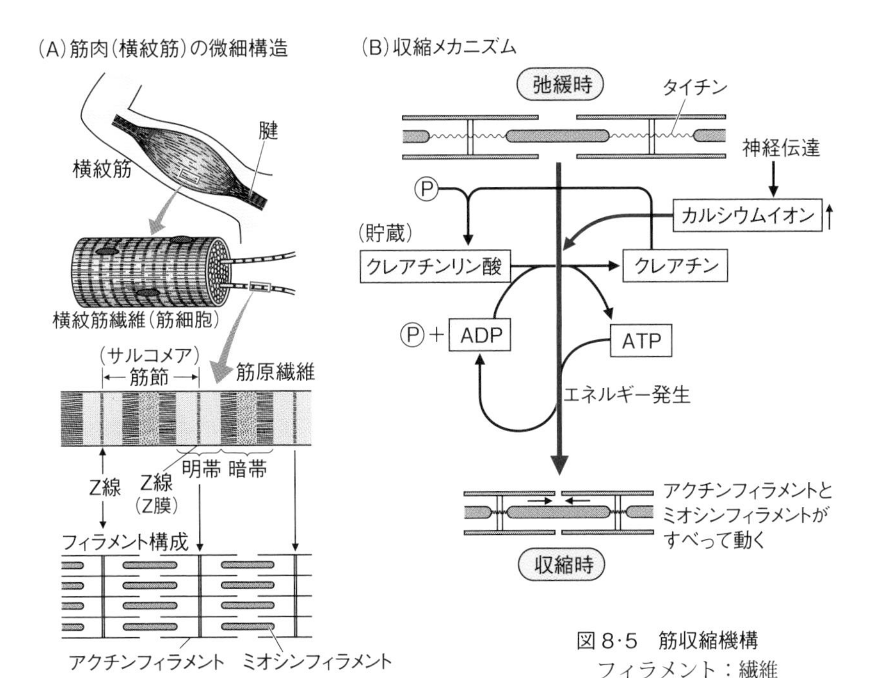

図8·5　筋収縮機構
フィラメント：繊維

胞体から**カルシウムイオン**が放出されて**筋収縮**(muscular contraction)が始まる．**アクチン繊維**に密接する**ミオシン**はATP分解活性（ATP → ADP）をもち，そのとき放出されるエネルギーで力が発生する．ミオシンがアクチン上をすべることにより力が発生すると考えられる（**すべり仮説**(sliding theory)）．アクチンには**トロポニン**(troponin)と**トロポミオシン**(tropomyosin)というタンパク質が付着して弛緩時にはすべり運動を阻止しているが，カルシウムイオンがあると阻止が外れて収縮が起こる．筋肉は呼吸で生成したATPを使い**クレアチンリン酸**(phosphocreatine)という別の高エネルギー物質をつくって貯蔵し，必要なときに自身がクレアチンに戻るとともにATPをつくり，そのATPが筋収縮に利用される．すなわち，クレアチンはATPの再生産反応に働いている．

Column

2種類の筋肉：赤身の魚と白身の魚がいる理由

骨格筋には速筋(fast muscle)（白筋(white muscle)）と遅筋(slow muscle)（赤筋(red muscle)）の2種類があり，一つの筋組織はこの2種類で構成される．速筋は瞬発力が出るが持続力はない．逆に遅筋は持続性が高い．両者の比率は遺伝的に決まっており，短距離選手と長距離選手の筋肉はこの比率が異なる（トレーニングでも変わらない）．カツオなどの赤身の魚は長距離遊泳ができる．呼吸のためにヘモグロビンから供給された酸素はいったん筋細胞中の**ミオグロビン**(myoglobin)（ヘモグロビンと類似．赤い色をもつ）に渡されるが，その含量は2種の筋肉で異なる．

8・5 感覚器官

外部からの刺激は感覚器で物理的あるいは化学的変化として捉えられ，神経細胞で電気的情報に変換されてから脳に伝えられる．

8・5・1 目：視覚

目の外側は**角膜**(cornea)で覆われ，その内側に**水晶体**(lens)（**レンズ**），そして最も奥に光を感ずる**網膜**(retina)がある．水晶体の外側の**虹彩**(iris)（ひとみ）は明るいときに閉じ，暗くなると広がるといった光量調節を行う．水晶体は**チン小帯**(Zinn's membrane)（筋肉）に支えられているが，カメラのように遠くを見るときは水晶体が引っ張られ（薄くなり），近くを見るときは緩み，網膜に焦点を結ばせる．このようなカメラ眼はイカや脊椎動物に特有なもので，下等動物や単細胞生物の目は

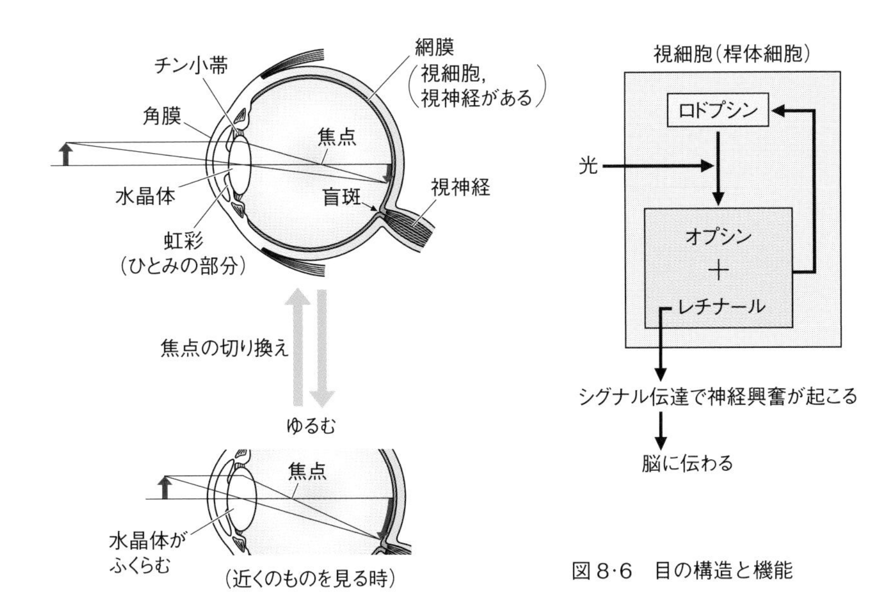

図 8·6　目の構造と機能

もっと簡単である．網膜には 2 種類の**視細胞**(visual cell)があり，視神経に連絡している．**錐体（細胞）**(cone (cell))は強い光に対応して色を感じ，**桿体（細胞）**(rod (cell))は弱い光に対応する．桿体細胞には**ロドプシン**(rhodopsin)という視物質となるタンパク質があるが，これが光を受けると**レチナール**(retinal)（ビタミン A 類似物質）とオプシンに分かれ，レチナールが数段階の反応を活性化し，その結果，細胞の電気的興奮が生まれ，それが視神経に伝わる．

8·5·2　耳：聴覚と平衡感覚

耳(ear)（外耳）の奥には**鼓膜**(ear drum)があり**耳小骨**(auditory ossicle)と接合しているので（この部分を中耳という），音（空気振動）があたると鼓膜を介して耳小骨が振動し，さらにその振動でその奥（内耳）にある**うずまき管**(cochlea)（蝸牛（かぎゅう））中の液が振動する．管の内部には細かな毛があり，その毛が神経細胞を刺激する．内耳には**平衡感覚**(static sense)を感ずる**前庭**(vestibule)や回転を感ずる 3 個の半円形構造物：**半規管**(semicircular canal)がある．前庭内部には炭酸カルシウムでできた小粒（耳石）があり，体が傾くと耳石が動いて神経細胞を刺激するので平衡感覚が感じられる．

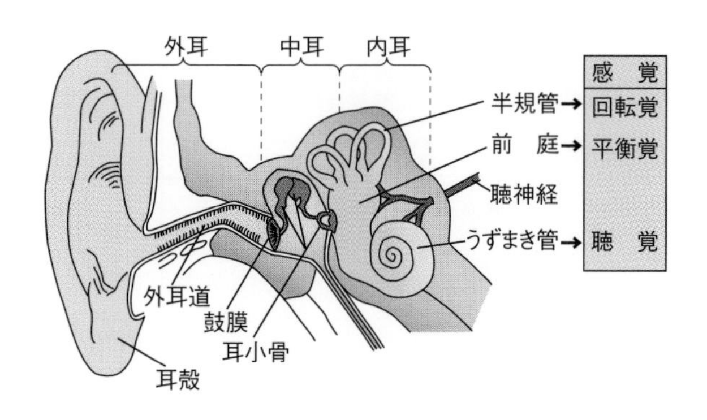

図 8·7 耳の構造と機能

8·5·3 その他の感覚器

動物には上記以外にもいくつかの**感覚器**(sensory organ)がある．**鼻**(nose)や**舌**(tongue)は化学物質の臭いや味を感ずる器官である．これらの器官にある神経細胞表面には物質と特異的に結合する**受容体**(receptor)があり，結合の結果として種類の異なる味や臭いが捉えられる．情報は数種類のデジタル信号で脳に入り，脳でそれらが統合されて特有の感覚につくり上げられる．皮膚には温度（冷点と温点），痛み（痛点），圧迫（圧点）を感ずる神経がある．筋肉にも筋肉自身の伸長度合いを感知する神経があり，これにより「重さ」が判断できる．

1. 動脈は通常酸素を豊富に含むが，中には少ない場合がある．そのような動脈は体のどこにみられるか．
2. われわれは食べたものを胃や腸で消化するが，なぜ消化が必要なのか？
3. 細胞は 1 個の核をもつという原則に反し，われわれは体の中には多核細胞に富む大きな組織がある．その組織とは何か．
4. 体の中には典型的な動脈や静脈とは異なる，比較的太い血管経路がある．どこにあり，何といわれているか？

9 多細胞生物個体の統御

多細胞生物には体内環境を一定に保つ恒常性という能力があるが，動物はその制御システムとして神経系と内分泌系を使う．神経系は神経細胞の興奮伝導と神経細胞間の神経伝達を基本とし，それらが複雑な回路網を形成している．恒常性の維持には自律神経がかかわるが，そこではホルモンが重要な役割を果たす．ホルモンは様々な内分泌器官から出て細胞増殖や代謝を調節するが，血糖量調節はこのような制御が巧妙に働いている例である．

9･1　恒常性の維持

9･1･1　恒常性維持の必要性

生物は環境や栄養状態にかかわらず体内の生理環境を一定に保とうとする**恒常性**（生体恒常性：**ホメオスタシス** homeostasis）という性質がある．生命維持にとって重要な内部環境要因として体温，血糖量，水分量などがあるが，これ以外にも多くの状態が（例：血圧，塩分濃度，pH，栄養素，代謝産物，ホルモン）一定に保たれており，これらが異常になると病気になる．消化管は厳密には体外であり，体内とかけ離れた環境になっている部位がある（例：胃は強い酸性）．恒常性の維持は単細胞生物でも見られる．

9･1･2　浸透圧の調節

生物体内の水には様々なものが溶けている．細胞膜のように分子が通過できる膜（**半透膜** semipermeable membrane）を境に溶けている物質の濃度が違うと，濃度の薄い方から濃い方に水が移動するが（注：物質は一定の濃度になろうとする性質があるため），この移動圧を**浸透圧** osmotic pressure という．体液は**0.9%食塩水**に相当する浸透圧（**等張** isotonic という）に保たれており，低すぎると（**低張** hypotonic，逆を**高張** hypertonic という）細胞に水が浸入して破裂してしまう．無機塩類は浸透圧に対する影響が大きく，水棲生物は浸透圧調節に大きなエネルギーを費やしている．海水魚は濃い尿

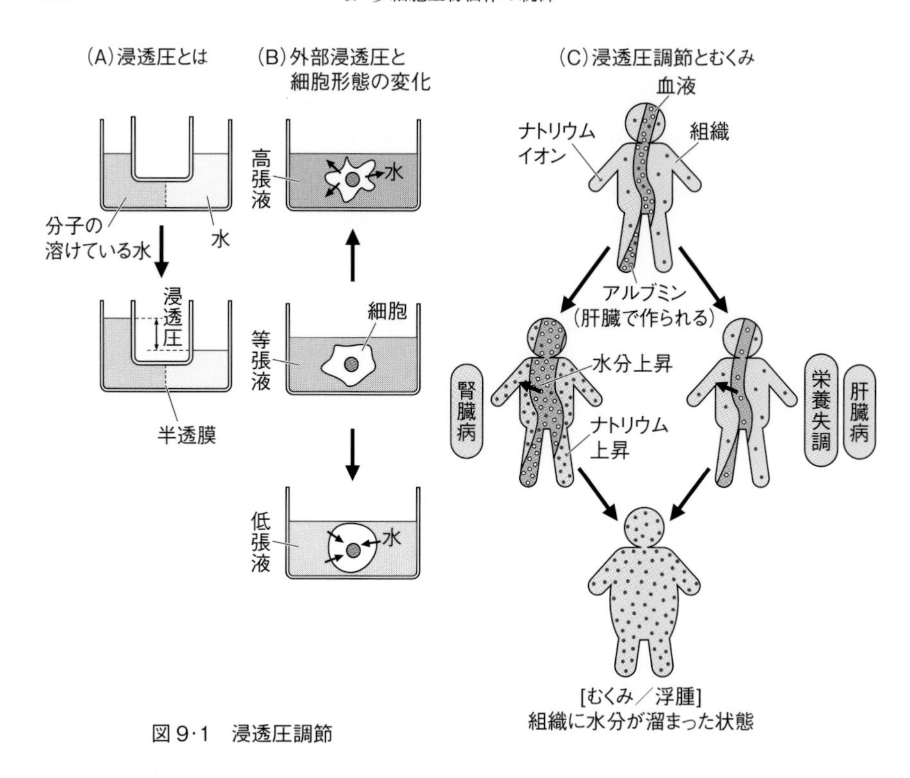

図 9·1 浸透圧調節

をつくり，エラから塩分を出すが，淡水魚は逆の生理現象を示す．ヒトは血中水分量と塩分量を腎臓で調節している．腎臓病が原因でこの調節ができなかったり，肝臓病などによって血中タンパク質が低下すると血液浸透圧が下がり，細胞間隙に水がたまってむくみ（浮腫）という状態になる．

9·1·3 恒常性維持にかかわる制御

動物は恒常性維持のため二つの統御システムをもつが，その一つは神経系である．神経系は全身に張り巡らされており，神経伝導と神経伝達を通して機能を果たす．この中には感覚器官からの情報入力，中枢における神経回路網を通じての情報処理，そして対応策を作動器官に伝えるという過程がある．もう一つはホルモンである．ホルモンにも全体を調和させるネットワークがあり，その分泌が神経で制御されるという現象もみられる．

9·2　神経系

9·2·1　脳神経系の構造：中枢神経系と末梢神経系

a. 構造：**神経系**（nervous system）は**神経細胞**（neuron）**（ニューロン）**の電気的伝導と神経細胞間連絡を基盤とする多細胞動物特有の情報伝達システムで，神経細胞が密集する**中枢神経系**（central nervous system）（脳と脊髄）と，そこから発散する**末梢神経系**（peripheral nervous system）からなり，複雑に連絡する**神経回路網**（nerve-network）を形成している．昆虫の脳はほとんど発達していないが，脊椎動物，特に哺乳類は高度に分化した中枢神経系をもつ．

b. 脳：哺乳類の**脳**（brain）は前方から**大脳**（cerebrum），**間脳**（diencephalon），**中脳**（mesencephalon），**橋**（pons），**延髄**（medulla oblongata）に分かれる．ヒトの大脳は巨大で，体性感覚，随意運動，言語，思考，感情，学習などと，部位により役割が分業化されている（注：神経細胞は表面の灰白質［＝**皮質**（cortex）］に集中している）．進化的に新しい**新皮質**（neocortex）は皮質の大部分を占め，感覚中枢，運動中枢，精神活動を担う．他方，新皮質の内部に隠れて存在する進化的に古い**古皮質**（paleocortex）は，本能行動，情動行動，記憶などを担っている．間脳（**視床**（thalamus）と**視床下部**（hypothalamus））は体温調節や血糖調節などの恒常性維持，内臓の自律神経機能，感情に連動した身体的変化などにかかわり，中脳は姿勢制御や眼球運動などにかかわる．橋は小脳と共に発生学的には**後脳**（metencephalon）といわれ，橋と延髄は呼吸，循環などの自律運動を支配して生命活動の基本的な部分を担うとともに，頭部の反射（例：唾液分泌，くしゃみ）にもかかわる．**小脳**（cerebellum）は大脳や脊髄とも連絡があり，生命維持には必須ではないが，筋肉運動を介する姿勢制御や効率的な四肢運動など，運動の統合と記憶にかかわる（例：一度自

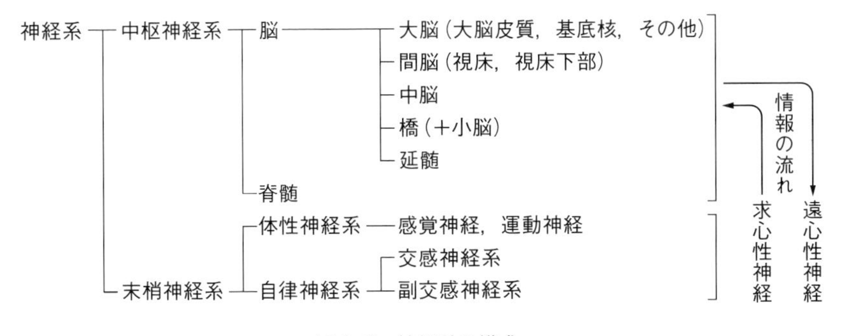

図9·2　神経系の構成

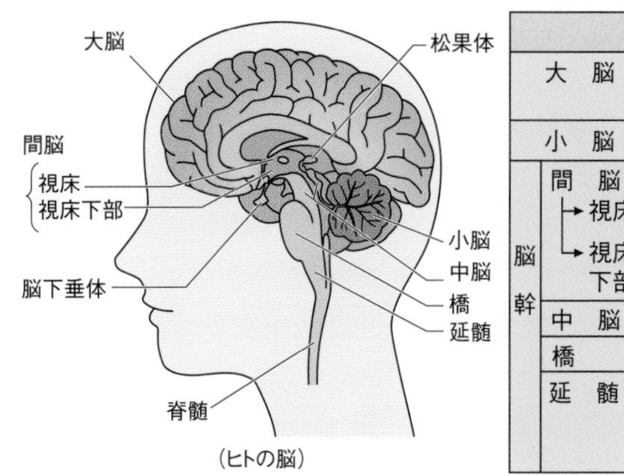

		主な働き
大　脳		精神活動．運動や感覚．本能的行動．
小　脳		平衡姿勢と随意運動の調整．
脳幹	間　脳	
	→視床	情動・感情の発現．痛覚．
	→視床下部	自律神経の中枢(内臓,体温,浸透圧,血糖量の調節)．睡眠．
	中　脳	眼球運動．ひとみの収縮・拡大．
	橋	大脳皮質から小脳への中継．
	延　髄	呼吸運動．心臓拍動の調節．せき,くしゃみ,飲み込み運動,唾液分泌などの反射．

図 9·3　脳の構造と機能

転車に乗れると，その後はずっと乗れる)．延髄，橋，中脳，間脳を合わせて**脳幹**(brain stem)といい，生存にかかわる機能が集中している．

c. 末梢神経：**末梢神経**にはいろいろな分け方がある．情報が中枢に向かうものを**求心性神経**(afferent nerve)，中枢から出るものを**遠心性神経**(efferent nerve)という．機能的には**体性神経**(somatic nerve)と**自律神経**(autonomic nerve)という分類がある．前者には感覚器の信号を送る**感覚神経**(sensory nerve)と，中枢の指令を**効果器**(effector)（骨格筋や分泌細胞）に伝える**運動神経**(motor nerve)があり，運動神経は随意運動を司る．脊髄と脳幹から発する中枢の支配の比較的少ない神経を自律神経といい，意思による制御はできない．

Column

脳の大きさと知能

大脳はヒトでは非常に発達し（1300 g 前後)，脳のかなりの部分を占める（注：魚類などでは非常に少ない)．しかしヒトの知能が高い理由は，ゾウやクジラが約 5000 g の脳をもつことからみても脳の物理的大きさにはあまり関係がなく，むしろ神経回路網の発達にあると考えることができる．

解説

脊椎動物以外の神経系

クラゲは散在性神経しかもたないが，プラナリアになると神経節を有するカゴ状神経系をもつ．昆虫はハシゴ状神経と体節ごとの神経節をもち，頭部神経節を脳とよぶ．

d. 介在神経と神経回路網：中枢にあり，感覚神経などの求心性神経と運動神経などの遠心性神経の間にある神経細胞を**介在神経**（interneuron）という．介在神経は多数の神経細胞と連絡する．このように，中枢神経では介在神経により複雑な**神経回路網**が形成されている．

9·2·2 交感神経と副交感神経

自律神経系は脊髄～脳幹から出る**交感神経**（sympathetic nerve）と**副交感神経**（parasympathetic nerve）に分かれ，一つの臓器に2種類の神経が接続している．交感神経は活動時や興奮時に働き（例：瞳孔拡大，呼吸促進，拍動促進，血管収縮／血圧上昇，腸の動きの抑

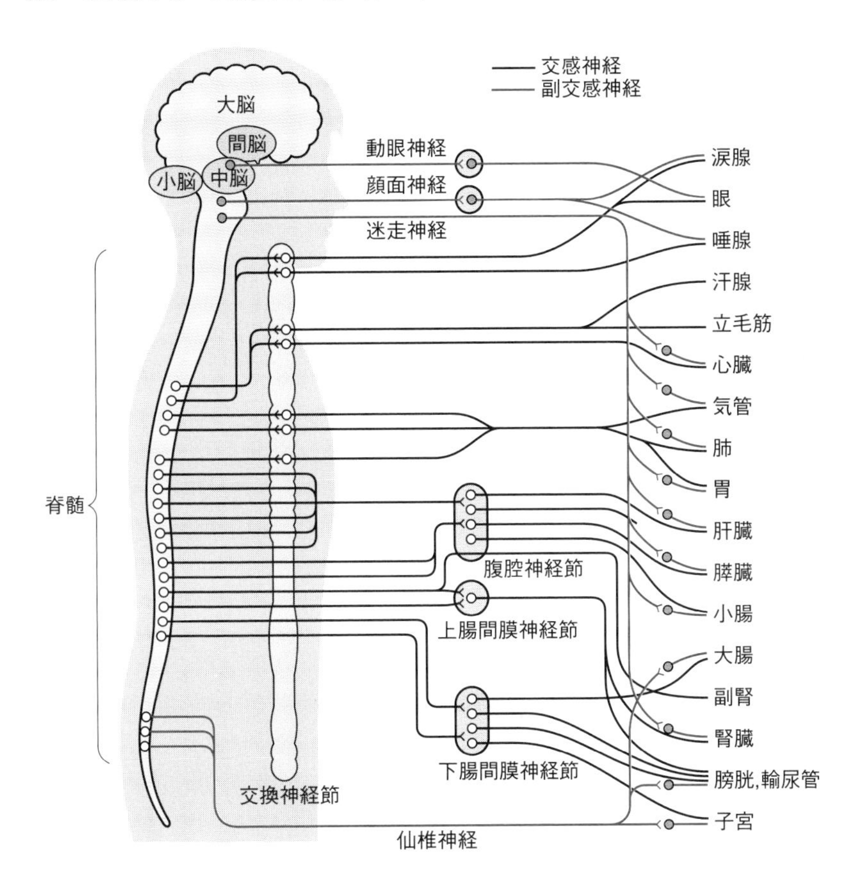

図9·4 自律神経系

制），副交感神経は休息や睡眠時に働く（例：瞳孔縮小，呼吸抑制，拍動抑制，血管弛緩／血圧下降，腸の動きの促進）というように正反対である．意思ではコントロールできないが，大脳との連絡があるため「緊張すると鼓動が速まる」といった現象がみられる．交感神経ではカテコールアミンの一種**ノルアドレナリン**(noradrenalin)が，副交感神経では**アセチルコリン**(acetylcholine)がそれぞれ神経末端から各器官に分泌されて作用を誘起する．

9･2･3　反　射

反射(reflex)とは無意識に起こる定型的，即決的行動で，大脳を介さないため意思や判断とは無関係に起こる．反射には中脳，延髄，脊髄などがかかわるが，介在神経を介さず，受容器からの神経と効果器への神経が直接連絡（この連絡を反射弓という）して起こる．反射は骨格筋を収縮させる**体性反射**(somatic reflex)と内臓筋収縮や分泌を促す**自律神経反射**(autonomic nervereflex)に分けられる．前者には脚気(かっけ)の診断に用いられる膝蓋腱(しつがいけん)反射（注：膝頭をたたくと脚が上がる）や，鼻粘膜をくすぐるとくしゃみが出るなどがあり，後者には光が目に入ると瞳孔が小さくなるや，物が近づくとレンズが厚くなるなどがある．

> **Column**
>
> **個体の死と脳死**
>
> 死は法的には心肺停止と瞳孔拡散で判定されるが，近年脳死も人の死とする動きがある．しかし脳のどの部分の機能停止を脳死とするかは異論も多く，判定基準が難しい．なお，脳死状態でも心臓の自律性のため鼓動はあり，体温は維持されて多くの細胞は生きている．

9･3　神経細胞

9･3･1　神経細胞と興奮伝導

神経細胞(neuron)（**ニューロン**）は他の入力神経との連絡のために，枝状の樹上突起をもつとともに，出力のための１本の長い**軸索**(axon)（**神経繊維**(nerve fiber)）をもつ．神経情報伝達は神経細胞自身での電気的興奮（＝**活動電位**(action potential)）の伝導，すなわち**興奮伝導**(excitation conduction)と，神経細胞間の情報伝達で成り立っている．神経細胞の細胞膜が電気的刺激を受けると，その部分が**脱分極**(depolarization)し，通常内部と外部がそれぞれ

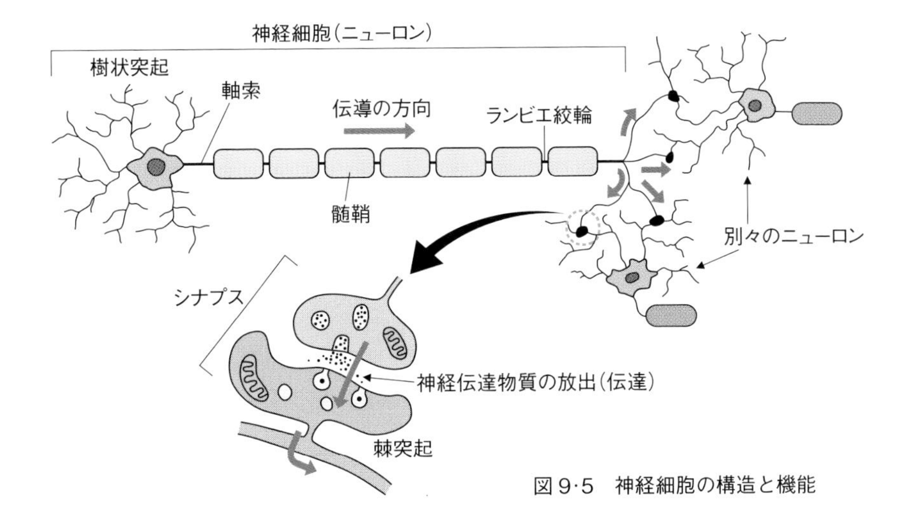

図9·5　神経細胞の構造と機能

マイナス，プラスになっている電位が一過的に逆転し，その後すみやかに元に戻る．この**活動電位**(action potential)の発生がすなわち神経細胞の興奮で，ナトリウムイオンやカリウムイオンの出入りとそれを制御する細胞膜の機能により生ずる(120頁：発展学習参照)．生じた活動電位が次に近隣の膜を興奮させるという反応が連鎖的に起こり，神経終末に達する．

解説

神経細胞とグリア細胞

神経系は神経伝達にかかわる神経細胞（ニューロン）と，ニューロンの維持や軸索の絶縁を介した跳躍伝導（121頁：発展学習参照）にかかわる**グリア細胞**(glial cell)（**神経膠**(こう)**細胞**）の2種類よりなる．

9·3·2　シナプスにおける神経細胞間の伝達

神経興奮の細胞間連絡，**興奮伝達**(excitation transmission)は細胞間の**神経間接合部**「**シナプス**(synapse)」で行われる．シナプスには**電気シナプス**(electrical synapse)と**化学シナプス**(chemical synapse)がある．電気シナプスではイオンが細胞膜の連絡構造を介して通過する．化学物質を用いる方式は**化学伝達**(chemical transmission)といわれ，神経興奮がシナプスに達するとそこ（シナプス前部）から**神経伝達物質**(neurotransmitter)が出て連結ニューロンのシナプス（シナプス後部）にある受容体に結合する．神経伝達物質には，アセチルコリン，カテコールアミン（ドーパミンやアドレナリン），セロトニン，アミノ酸（グルタミン酸など），ペプチドがある．受容体はチャネルでもあり，結合によりチャネルが開いてイオンを流入させる．ナトリウムイオンが入ると脱分極して興奮性の電位が発生し，他方塩素イオンやカリウムイオンが入るとさらに分極が進み（**過分極** hyper-polarization）抑制性の電位が発生する（注：神経興奮が抑えられる）．

Column

記憶と学習

高次な神経活動として記憶や学習という現象がある．これらの現象は神経興奮が長期間持続することによって起こるが，シナプス連絡が持続されることに起因する（注:これを**シナプスの可塑性** synaptic plasticity という）．たとえば海馬のニューロンを何度も刺激すると興奮性シナプス後電位が長く続く長期増強という現象が起こるが，これは記憶の単純な例とみなされる．シナプス可塑性はシナプスの肥厚や神経伝達物質の増加，神経細胞の新生でもみられる．

9·4　ホルモン

9·4·1　内分泌系とホルモン

ホルモン hormon とはある器官から分泌されて血流で全身に運ばれ，微量で特定の標的器官に作用を発揮する物質で，ペプチドやタンパク質が多いが，ステロイドやそれ以外のものもある．栄養としてとるものではなく，細胞内でつくられる．ホルモンによる制御システムを**内分泌系** endocrine system といい，ホルモン産生器官を**内分泌器官** endocrine organ という．ヒトの代表的ホルモンを表 9·1 にまとめた．

9·4·2　ホルモン分泌の制御

視床下部から出る多くのホルモンは**脳下垂体** pituitary gland に作用してホルモンを分泌させ，脳下垂体からのホルモンは下位の器官特異的ホルモンの分泌を制御する．このように視床下部と脳下垂体は内分泌系の中枢のように働く．恒常性維持にかかわる二つのホルモンが生理現象を正と負に制御するという例もある（例：グルカゴンとインスリンはそれぞれ血糖量を正と負に制御する）．甲状腺ホルモン（チロキシン）は脳下垂体前葉からの甲状腺刺激ホルモン（TSH）の刺激により分泌されるが，チロキシン自身は視床下部に働くので，視床下部から脳下垂体前葉に TSH の分泌を抑えるホルモン制御が起こる．さらに

表 9·1　ヒトの主なホルモン

内分泌腺		ホルモン → 働き
視床下部		放出ホルモン／抑制ホルモン → 脳下垂体前葉ホルモン，中葉ホルモンの分泌を促進（放出ホルモン）または抑制（抑制ホルモン）する
脳下垂体	前葉	成長ホルモン → 骨の発育，体の成長促進
		甲状腺刺激ホルモン（TSH）→ 甲状腺の機能促進
		副腎皮質刺激ホルモン（ACTH）→ 副腎皮質の機能促進
		生殖腺刺激ホルモン：濾胞刺激ホルモン → 卵巣，精巣の成熟
		生殖腺刺激ホルモン：黄体形成ホルモン → 排卵の誘発と黄体の形成．雄性ホルモンの分泌
		プロラクチン（黄体刺激ホルモン）→ 乳腺の発達．黄体の刺激
	後葉	抗利尿ホルモン（バソプレッシン）→ 腎臓での水の再吸収促進．血圧上昇
		子宮収縮ホルモン → 出産時の子宮の筋収縮
甲状腺		チロキシン → 代謝を促進
副甲状腺		パラトルモン → 血中カルシウムイオン量の調節
膵臓（ランゲルハンス島）	α 細胞	グルカゴン → グリコーゲンの分解（血糖量の増加）
	β 細胞	インスリン → 肝臓でのグリコーゲンの合成（血糖量の減少）．細胞のグルコースの取り込みを促進
副腎	髄質	アドレナリン → 血糖量の増加．血圧上昇．交感神経との協調
	皮質	糖質コルチコイド → 血糖量の増加．炎症抑制．物質代謝促進
		鉱質コルチコイド → 血中の Na$^+$ と K$^+$ の量を調節．炎症促進
生殖腺	精巣	雄性ホルモン（アンドロゲン）→ 雄性形質（二次性徴）の発現
	卵巣	濾胞ホルモン（エストロゲン）→ 雌性形質（二次性徴）の発現
		黄体ホルモン（プロゲステロン）→ 妊娠の維持．排卵抑制
胃の幽門部		ガストリン → 胃液の分泌を促進
十二指腸内壁		セクレチン → 膵液の分泌を促進

チロキシンは脳下垂体に直接働きかけて TSH 分泌を抑える．内分泌系にはこのような**フィードバック阻害**（feedback inhibition）という現象がよくみられる．さらに，血糖量が神経で感知されると，それが血糖量を制御するホルモン分泌の制御に向かうという**ホルモンの神経支配**（nervous control of hormone）もよくみられる現象である．

9·4·3　ホルモンの作用機構

ホルモンが特定の器官に作用できるのは，標的細胞にホルモンが結合する特異的な**受容体**（receptor）が存在するためである．ホルモンが細胞表面の受容体に結合すると受容体が活性化し，その情報が細胞内に伝わる（6 章：発展学習参照）．情報の最終標的は主に転写制御因子なので，結果，遺伝子発現が誘導され，細胞増殖，代謝亢進といった現象が起こる．ホルモンの細胞内シグナル伝達の鍵になる物質に**環状 AMP**（**cAMP**）(cyclic AMP) がある．インスリンやアドレナリンなどが受容体に結合すると，結果的に cAMP 合成が上昇する．cAMP は二次伝達物質となってある種の酵素を活性化し，この酵素が転写制御因子を活性化する．これとは別に，副腎皮質ホルモンなどのステロイドホルモンや甲状腺ホルモンといった**脂溶性ホルモン** (fat-soluble) は直接細胞内に入って細胞内の**核内受容体** (nuclear receptor) と結合し，その複合体が DNA に結合して転写を活性化する．

解 説　**ホルモンの新しい概念：非典型的ホルモン**

ホルモン様物質が心臓や腸，さらには脂肪細胞やリンパ球といった普通の器官や細胞からも分泌されることが明らかにされている．あるものは普遍的な増殖因子であり，また，近傍の細胞や自身に対して作用するものも存在する．血圧上昇にかかわるアンギオテンシンは酵素の働きにより血中でつくられる．ホルモンと細胞制御因子の区別は，現在ほとんどなくなってきている．

9・5　個体の統御機構

9・5・1　血糖量の制御

グルコース (glucose) は必須なエネルギー源で，ヒトでは血中濃度が約 90 mg/dL に調節されている．グルコースの濃度低下が視床下部で検知されると脳下垂体へ情報が渡り，そこからの刺激で**副腎皮質** (adrenal cortex) から**コルチゾール** (cortisol) などが分泌される．また交感神経を介して**副腎髄質** (adrenal medulla) から闘争や活動にかかわる**アドレナリン** (adrenaline)

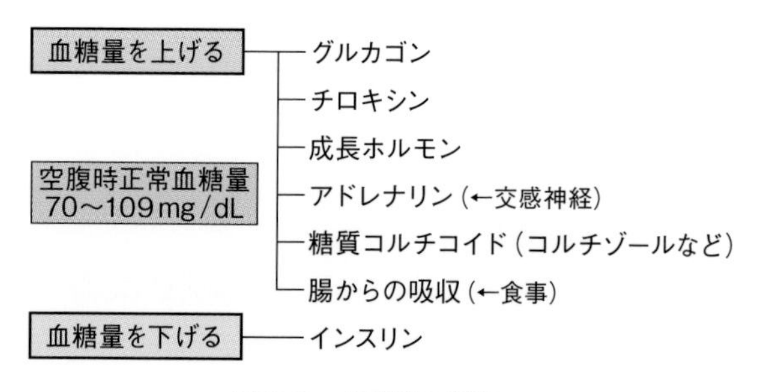

図 9・6　血糖量の調節

が，膵臓の**α細胞**（α cell）からは**グルカゴン**（glucagon）が分泌されるが，いずれのホルモンも**血糖量**（blood glucose）の上昇に働く．グルカゴンとアドレナリンはグリコーゲンからグルコースをつくる過程を，コルチゾールはアミノ酸からのグルコース合成を促進する．上記過程で分泌される成長ホルモンや甲状腺ホルモンも血糖量を高める．食事で血糖量が上がると膵臓の**β細胞**（β cell）から**インスリン**（insulin）が分泌される．インスリンは細胞内のグルコース取り込みタンパク質を細胞表面に集めるので糖が細胞に入り，血糖量が下がる（注：**糖尿病**（diabetes）はこの作用が低下している）．

9·5·2　体液成分の調節

血液量は心臓で感知され，減ると渇きを感じて飲水行動が誘起され，同時に抗利尿ホルモンである**バソプレッシン**（vasopressin）（注：腎臓の水分再吸収を高めて尿量を減らす）が放出される．さらに腎臓から分泌される酵素の**レニン**（renin）は**アンギオテンシンⅡ**（angiotensin）を生成するが，このホルモンは飲水行動を誘起するとともにバソプレッシン分泌を高める．血液量が減ると心臓から出る**心房性ナトリウム利尿ホルモン**（atrial natriuretic peptide）（ANP）が減少する．バソプレッシンや飲水

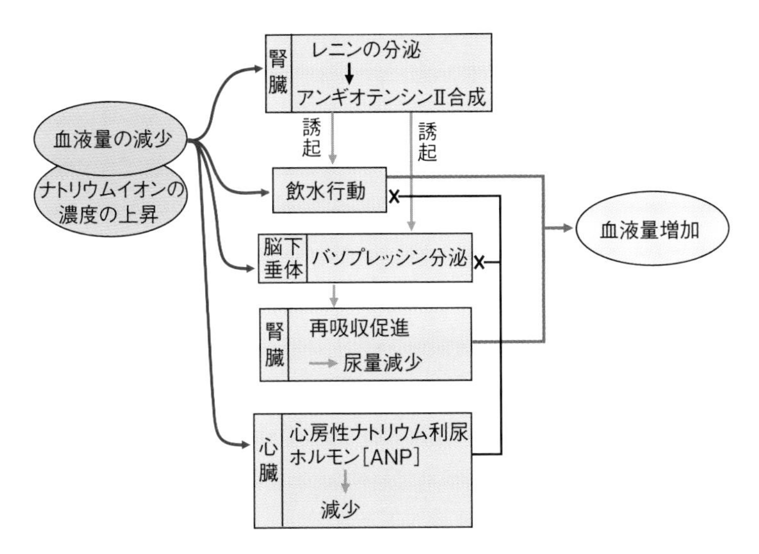

図9·7　血液水分量を調節するしくみ（血液量が少ない／血中ナトリウムが高い場合）

行動を抑える作用があるANPが減少することにより血液量が増加する．またアンギオテンシンIIは，ナトリウムイオンを保持するアルドステロンの副腎からの分泌を促進する．水分を血管に保持するためにはナトリウムのような塩も重要であるが，これらのホルモンは腸や腎臓におけるナトリウムイオンの吸収を促進する．水分量過多の場合は逆の機構が働く．血液量は塩分（ナトリウムイオン）濃度と逆相関の関係にあり，血中塩分が多いと血液量減少と同じ生体反応が起こる（注：塩辛いものを食べると喉(のど)が渇くのはこのため）．

解説　**熱中症の予防にはスポーツドリンク**

熱中症予防で水をがぶ飲みしても，すぐ尿として出てしまう．スポーツドリンクには浸透圧を保つ物質が入っており，体内で水分が保持されやすい．

9･5･3　体温調節

哺乳類や鳥類などの**恒温動物**(homeotherm)は，エネルギーの半分以上を使って**体温の調節**(thermoregulation)を行っている．熱は主に筋肉と肝臓で産生されるが，自律神経系によって体温が低いときは毛細血管を収縮させて体表付近に血液が集まらないようにし，汗腺を閉じて汗を止めて蒸発熱が奪われるのを防ぐ．神経系は副腎髄質にも作用してアドレナリンを分泌させ，グリコーゲンからのグルコースの生成を促して血糖量を上げる．このほか甲状腺ホルモンや成長ホルモンにも代謝を上げる効果がある．体温が高かったり外気温が高い場合はこれと逆の生理現象が起こる．

9･5･4　性周期のホルモン制御

哺乳類のメスではホルモン作用による**性周期**(sexual cycle)がみられる．視床下部の指令により**脳下垂体前葉**(anterior pituitary)から**濾(ろ)胞刺激ホルモン**(follicle-stimulating hormone)，**黄体形成ホルモン**(luteinizing hormone)（**黄体刺激ホルモン**(luteotropic hormone)ともいう）が分泌され，それぞれ濾胞の発達，そして濾胞からの排卵と**黄体**(luteal body)の形成，黄体ホルモン分泌促進や乳腺の発達を司る．また**卵巣**(ovary)からは**濾胞ホルモン**(follicle hormone)（生殖器の発達や排卵促進，子宮肥厚にかかわる．卵胞ホルモン，発情ホルモン，**女性ホルモン**(female hormone)ともいう．例：エストロゲン）

が分泌される．**黄体ホルモン**（例：プロゲステロン）は卵巣から分泌されて
corpus luteum hormone
妊娠の継続と排卵の抑制にかかわる（注：このため，妊娠期間は引き続いての受精がない）．受精すると黄体ホルモンが出産まで子宮の肥厚を維持して胎児を守り，また胎盤からは黄体形成ホルモンも分泌される．出産が近づくと黄体形成ホルモンが低下し，脳下垂体後葉から子宮収縮ホルモンが分泌されて出産となる．受精しない場合は黄体ホルモンの分泌が止まり，子宮粘膜は崩れて排出される（月経）．

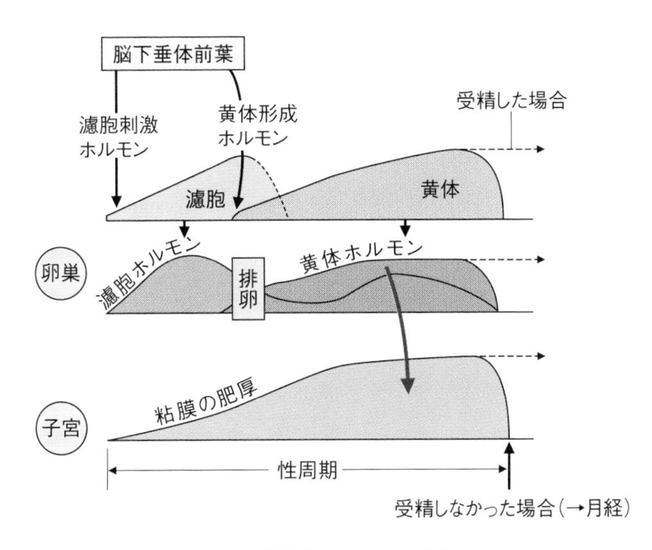

図 9·8　性周期のホルモン制御

1
2
3
4
5
6
7
8
9
10
11
12
13
14

演習

1. 脳のある部分が傷害を受けたときに，致命傷になる場合と生命に別状がない場合という差がある．それはどのような理由によるか．
2. ビタミンとホルモンはいずれも微量で働き，体に必要なものだが，両者には多くの相違点がある．それはどのようなことか．
3. 糖尿病患者の中には毎日インスリン注射を打つ人がいる．それはなぜか．

＜発展学習＞　神経伝達のメカニズム

1　活動電位の発生

興奮伝導はニューロンの細胞膜上にあるナトリウムイオン（Na^+）とカリウムイオン（K^+）の移動にかかわるポンプのような分子装置と，イオンチャネル（通過孔）の働きで生まれる電位差［電圧］（**膜電位** membrane potential）が元になる．細胞膜にある**ナトリウム - カリウム ATP アーゼ** sodium-potassium ATPase（イオンポンプの一種）によって Na^+は外に汲み出され，K^+は細胞内に取り入れられるため，Na^+濃度は細胞外で高く，K^+は細胞内で高くなる．K^+を通すチャネルには漏れがあるため，細胞はこれを留めるために細胞内の電位を下げ（マイナスにし）ている．細胞外が正，細胞内が負になっているこの状態で約－60 mV の電位差が生じているが，これを**静止電位** resting potential という．Na^+チャネルは電位で刺激されて開く．このようなチャネルを**電位依存性チャネル** voltage-dependent channel といい，他にも K^+チャネル，カルシウムイオン（Ca^{2+}）チャネルなどがある．膜に局所的な電位が生じて電気が流れると Na^+チャネルが開き，Na^+が細胞内に流入する．これにより細胞内の電位が＋50 mV になり，細胞外は逆にマイナスになる（**脱分極** depolarization）．いったん開いた Na^+チャネルは速やかに閉じ，しばらくは電位に応答しな

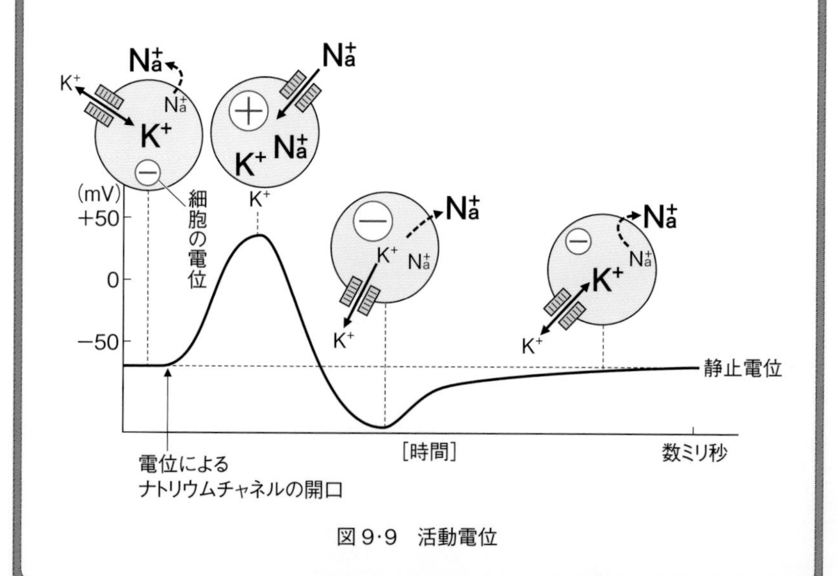

図 9·9　活動電位

い（**不応期** refractory period）．遅れて K^+ チャネルが開くと，今度は細胞内 K^+ が外に流出し，Na^+ もポンプで排出されるので内部の電位は一気に負になるが，やがて静止電位に戻り安定化する．この一連の膜電位の変化を**活動電位** action potential といい，その過程を（神経）**興奮** excitation という（注：およそ数ミリ秒かかる）．活動電位を生じさせるには閾（いき）値があり，閾値以下だとチャネルが開かない．閾値以上の刺激でも活動電位の発生の様子は一定で，興奮はオンかオフのデジタル信号になるが，これを**全か無かの法則** all or none law という．神経興奮が強いか弱いか（例：音が大きく聞こえるか小さく聞こえるか）は興奮の頻度による．

2　興奮伝導のしくみ

活動電位が生ずるとその周囲との電位差によって近傍に電流が流れ，そこの Na^+ チャネルが開く（活動電位の発生場所が移動する）．この過程が軸索でドミノ倒しのように起きて広がることが**興奮伝導** excitation conduction である．活動電位は軸索の根元で発生し，末端の神経終末へ向かう．軸索には絶縁体としてシュワン鞘（しょう）（中枢神経ではミエリン鞘）が巻き付いている．鞘のある**有髄繊維** myelinated fiber の場合，その部分での電気的変化は起きず，活動電位は鞘のない部分（ランビエ絞輪）まで飛んで起こる．これが興奮における**跳躍伝導** saltatory conduction である．このため有髄神経での伝導速度は無髄ニューロンと比べて数倍速い．

(A) 全か無かの法則

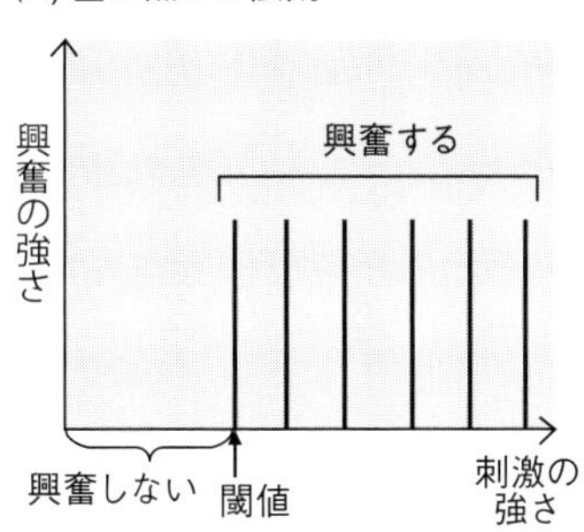

(B) 刺激の強弱と神経興奮

a. 弱い刺激（例：小さな音）

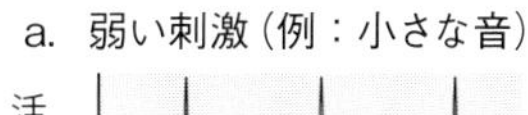
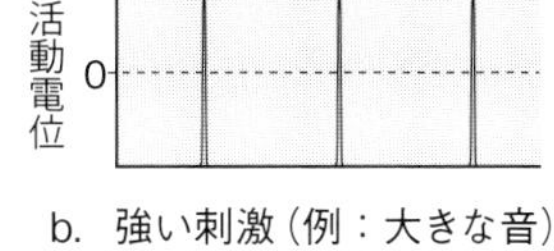

b. 強い刺激（例：大きな音）

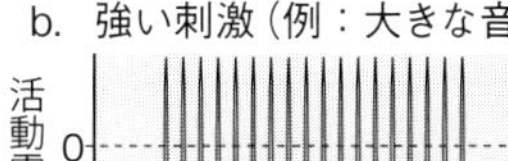

図 9·10　神経興奮の特徴

1 2 3 4 5 6 7 8 9 10 11 12 13 14

10 外敵の侵入とその防御

生物は異物の侵入を抑えて個体の健全性を維持しているが，異物の中でも重要なものは細菌などの感染性病原体である．ウイルスは病気を起こす感染性粒子で，生きた細胞内で増え，その中には細胞を癌化させるものもある．免疫は非自己を認識して排除するしくみである，動物にとって最も重要な生体防衛機構であり，個体は異物特異的リンパ球などを動員し，抗体や細胞自身の働きによって病原体や異種細胞，異物を処理する．

10･1 細 菌

10･1･1 微生物と人間の暮らし

微生物（microorganism）とは肉眼で見えないほどの小さな生物の総称で，すべての単細胞生物と多くの菌類を含む．微生物の中には有機物を分解したり（動植物の死骸の分解．デンプンを分解して糖を生成），発酵を行ったり（アルコール発酵，乳酸発酵など），体内に棲息して消化管内で消化を助けたり，腸内環境を整えたり，他の病原体の侵入を防いだりと，有益なものも多い．しかし中には病気（感染症／伝染病，食中毒）の原因になるなど，人間にとって不都合な側面の強いものも含まれる．

10･1･2 細菌感染症

感染症（infectious disease）は菌類（例：水虫）や原生動物（例：マラリア，アメーバ赤痢）によっても起こるが，多くは細菌による．歴史的に見てもペスト，コレラ，赤痢，結核などのように，伝染性が強く人口統計を左右する大流行を起こしたものもあり，結核は現在でも流行が続いている．大流行でなくても，特徴的な症状や感染経路から記憶される感染症も多い（例：破傷風，梅毒，胃癌）．微生物が感染・増殖する生物を**宿主**（host）という．毒力の弱い普通の微生物は感染しても宿主の抵抗力で容易に排除されるが，抵抗力が低下すると病原体が全

1
2
3
4
5
6
7
8
9
10
11
12
13
14

解 説

胃癌は細菌感染症？！

ピロリ菌（ヘリコバクター・ピロリ）はヒトの胃に寄生する細菌で，日本人はかなりの割合で感染している．毒素を産生して細胞を癌化させ，胃癌の原因になっていることが知られている．

身に広がり，敗血症や肺炎を起こしてヒトを死に至らしめる場合もある．

10·1·3　細菌の増殖

細菌（bacteria）は数 μm の大きさをもち，形も球状（球菌：ブドウ球菌，連鎖球菌），棒状（桿菌：サルモネラ菌などの大半の細菌），らせん状（らせん菌：梅毒トレポネーマ）と様々である．自身で栄養素を合成できるものが多く，糖と数種類の無機塩類，そして少数の栄養素で増殖し，ほとんどが人工培養基（＝**培地**）で培養できる．細菌の増殖速度は非常に速く，20 分〜数時間で二分裂する．このため，条件が整えば 1 日で液が白く濁るまでに（〜 100 億個 / mL）増える．pH が中性で水分と栄養があり，室温〜体温という温度が微生物の生育に適した条件である．酸素要求性は結核菌のように高いものから，乳酸菌のように低いもの，そして破傷風菌のようにむしろ有害になるものまで様々である．

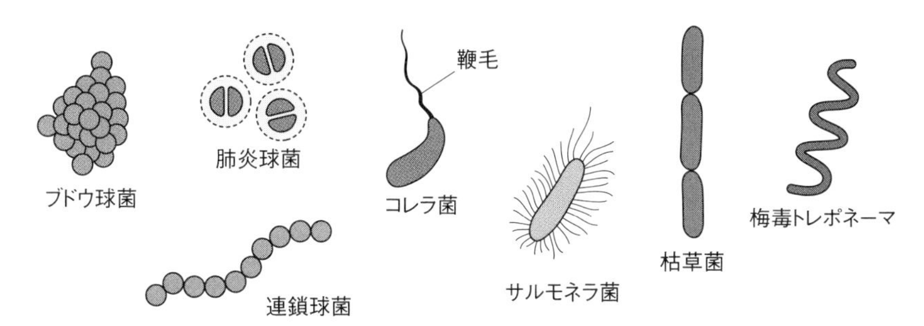

図 10·1　様々な細菌

10·1·4　細菌の増殖を抑える

環境を細菌増殖の至適条件から遠ざけることは，食品を腐らせない工夫に応用される．酢（酸性にする）や塩／砂糖を加えたり（浸透圧を高くする

[9 章]），密封したり（酸素を遮断）すること，あるいは冷蔵庫／冷凍庫に入れたり（温度を下げる），加熱（温度を上げる）することがその例である．細菌を殺すことを**殺菌**(sterilization)といい（注：病原性をなくす場合は**消毒**(disinfection)），簡便な方法として煮沸がある（タンパク質や核酸が変性する）．ただこの方法は完璧ではなく，すべての生命体を死滅させる（**滅菌**(sterilization)という）には 180℃以上で熱処理するか, 121℃の高圧蒸気で処理（**オートクレーブ**(autoclave)）しなくてはならない．化学薬品で有機物を変性させたり，脱水したりする殺菌方法もよく使われる（例:アルコール, ヨードチンキ, 逆性石けん）．DNA 傷害剤である紫外線（例:殺菌灯の光，ブラックライト）にも強い殺菌作用がある．

10･1･5　細菌に潜む小型 DNA「プラスミド」

細菌内に**プラスミド**(plasmid)という小型の DNA が存在する場合がある．プラスミドが排除されないのは細菌自身もプラスミドから恩恵を受けているためである．プラスミドには他の細菌を殺す物質をつくるもの（例：大腸菌の ColE1），自身を殺す薬剤・抗生物質を無力化するもの（**R 因子**(R factor)とよばれる），組換えを誘発して遺伝的多様性を高めるもの（**F 因子**(F factor)とよばれる．無性生殖の細菌に性の性質を与える [7 章参照]）などの種類がある．R 因子は**薬剤抵抗性遺伝子**(drug-resistant gene)を取り込んで，**多剤耐性プラスミド**に変化しやすい．どこにでもあるような細菌が抵抗力のない人に感染した場合，その細菌に多剤耐性プラスミドがあると治療で使う抗生物質が効かずに治療が困難になるという事態が発生し，病院で見つかる院内感染菌としてしばしば問題になる．

10･1･6　抗生物質

生物（細菌やカビなど）がつくり，細菌などの微生物を殺す物質を**抗生物質**(anti-biotics)といい，アオカビがつくる**ペニシリン**(penicillin)の発見が最初であった（カビの周りには細菌が増えないというフレミングの発見がきっかけ）．抗生物質には非常に多くの種類があり（例:ストレプトマイシン, テトラサイクリン), 作用も様々である（例:細胞壁合成阻害, タンパク質合成阻害, 核酸代謝阻害）．ただ上記のように耐性菌が出現しやすく，常に新しいものを開発する必要がある．中には動物の（癌）細胞の増殖を阻止するものもある．

解 説　**細菌性食中毒**

細菌性食中毒には大量の細菌を摂食して中毒になる**感染性食中毒**(infectious food poisoning)と，細菌が細胞外に分泌する毒素で中毒になる**毒素型食中毒**(toxicogenic food poisoning)の2種類がある．前者はサルモネラ菌，腸炎ビブリオ（海産物に多い），後者はブドウ球菌，ボツリヌス菌（缶詰やソーセージといった酸素のない環境で増える）などが原因菌として知られている．後者の細菌毒素は熱に安定なものが多く，症状は急性で概して重い．

10·2　ウイルス

10·2·1　ウイルスの増殖

ウイルスの語源は virus（病毒）に由来する．かつては細菌を通さない細かな濾過器を通る毒と思われていたが，電子顕微鏡観察によって粒子であることがわかった．ウイルスは1種類の核酸とそれを包む数種類のタンパク質からなり，DNA ウイルスと RNA ウイルスに分けられ，各生物群特有のウイルスが存在する．ウイルスは細胞に感染すると細胞内で粒子がいったんバラバラになり，その後ウイルス核酸が増え，それを元に遺伝子発現が起こる．細胞内でパーツが組み合わさるようにしてウイルス粒子が形成され，それが細胞を破って（殺して）出てくる．ウイルスの増殖では宿主の成分や酵素が使われるため，ウイルスは生きた細胞内でしか増えない．またこの理由により，ウイルスだけに効く薬の開発には特別な工夫が必要である．ウイルス増殖機構を知ることは細胞の増殖や遺伝子発現機構を知ることになり，生命過程の重要な発見のいくつかはウイルスを材料になされた．ウイルスが細胞の過剰増殖にかかわる遺伝子をもつと，**癌ウイルス**(tumor virus)として細胞を癌化する．

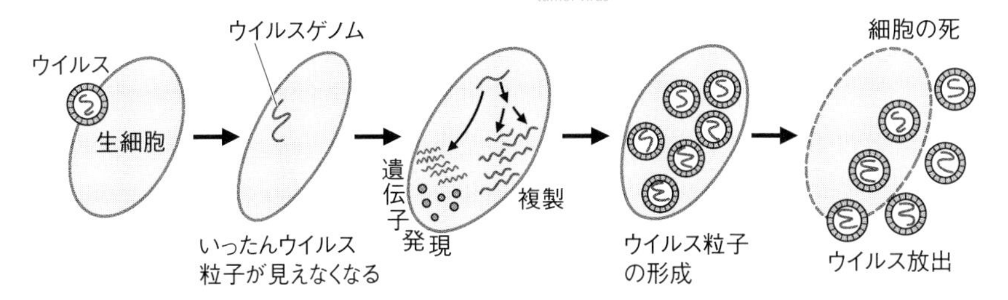

図10·2　ウイルスの生活環

10·2·2　様々なウイルス

a. DNA ウイルス：ヒトに病気を起こす **DNA ウイルス** DNA virus のうち二本鎖 DNA ウイルスとして，単純ヘルペスウイルス，帯状疱疹ウイルス，天然痘ウイルス，アデノウイルス，パピローマウイルス，B 型肝炎ウイルスなどがある．これらは二本鎖 DNA をもつが，中には一本鎖 DNA をもつものもある．

b. RNA ウイルス：RNA の形態は二本鎖と一本鎖に分けられるが，一本鎖はさらにプラス鎖をもつもの（その RNA がタンパク質をコードする）とマイナス鎖をもつもの（相補鎖がタンパク質をコードする）に分けられる．このため，**RNA ウイルス** RNA virus の生活環は複雑であり，ウイルス自身も RNA から

Column

染色体に入り込むレトロウイルス

レトロは「逆」という意味である．**レトロウイルス** retrovirus に属する RNA ウイルスは，感染後にウイルスがもつ RNA を DNA にする**逆転写酵素** reverse transcriptase が働いてウイルス DNA ができるが，それがいったん宿主の染色体に組み込まれる．その後染色体遺伝子と同じ挙動をとり，そこから転写と翻訳が起こってウイルス粒子が形成される．ウイルスは細胞を殺さず，芽が出るように細胞から出てくる．またこのことから，ウイルス感染によりゲノムサイズが増大することがわかる．真核生物はゲノムが大きくなる方向で進化してきたが，この過程にレトロウイルスやその原型となる核酸が寄与したと考えられる．**エイズ** AIDS ウイルスや，ヒトや動物の白血病ウイルスなどの**癌ウイルス** tumor virus もこのウイルスの仲間である．

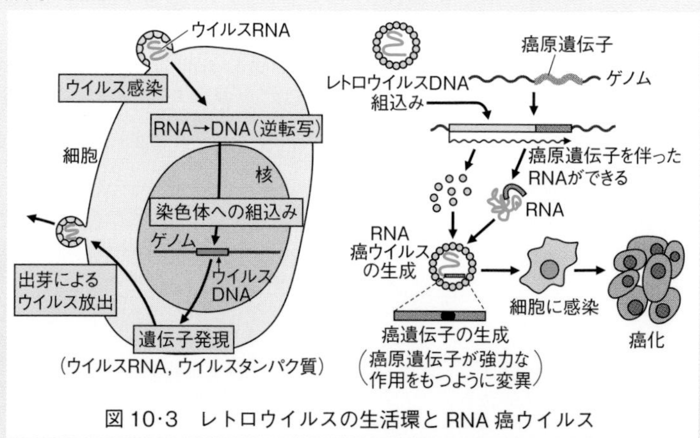

図 10·3　レトロウイルスの生活環と RNA 癌ウイルス

RNA を複製する独自の酵素をもつ．ヒトに病気を起こす多くのウイルスが一本鎖 RNA ウイルスで，マイナス鎖をもつものとしておたふくかぜウイルス，狂犬病ウイルス，はしかウイルス，インフルエンザウイルス，エボラウイルス，プラス鎖をもつものとして，ポリオウイルス，ヒト免疫不全ウイルス（HIV, エイズウイルス），A 型肝炎ウイルス，黄熱ウイルス，風疹ウイルス，コロナウイルス，日本脳炎ウイルスなどがある．

解 説

バクテリオファージ

細菌を宿主とするウイルスを**バクテリオファージ** bacteriophage（「細菌を喰うもの」の意）といい，オタマジャクシ様形態のものやヒモ状のものがある．

10·3　免　疫

10·3·1　生体防御システムとしての免疫

生物は様々な方法で自己防衛している．生物が熱や放射線，低酸素，酸化／還元物質，浸透圧，細胞傷害剤などのストレスに曝されると，関連酵素の遺伝子発現が活性化してストレスに対処し（**ストレス応答** stress-response），DNA が傷害を受けた場合はその修復を行う（**DNA 修復** DNA repair）．細胞に毒物が入ると処理酵素や包合（包み込む）タンパク質が動員され，毒物を無毒化・排出する（**薬物応答** drug response，**解毒** detoxification）．上記の応答とは別に，動物には**免疫** immunity という防御機構がある．免疫とは自己以外の物質を異物と認識して排除するシステムで，特異性と対応力が高く，動物における最も重要な**生体防御機構** biodefense mechanism になっている．

10·3·2　免疫応答

一度はしか（ウイルスで起こる）にかかると二度とかからず，かかっても軽くすむ．免疫という語句は，この病気を免れる現象に由来するが，病気に克つ以外にも，様々な生体反応が免疫機構によって起こる．**免疫応答** immune response を引き起こす原因物質を**抗原** antigen といい，細胞や細菌，ウイルスやタンパク質などが抗原となる．免疫には**自然免疫** innate immunity と**獲得免疫** acquired immunity の 2 種類ある．自然免疫は生物が普遍的にもつ病原体排除システムで，免疫細胞（マクロファージ，ナチュラルキラー細胞，顆粒球などの白血球）が抗原の分子構造を大まかに認識して生

1 2 3 4 5 6 7 8 9 10 11 12 13 14

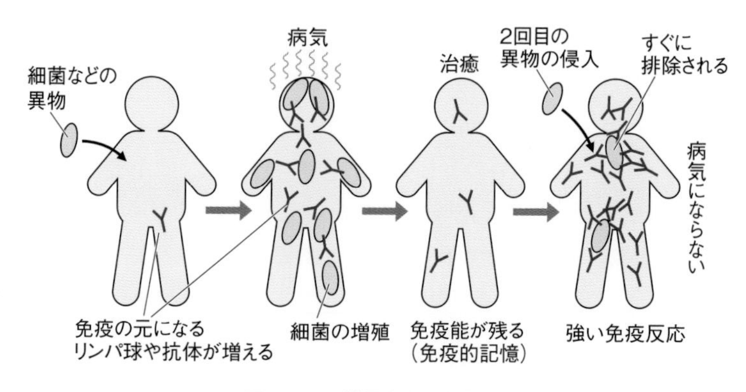

図 10·4 獲得免疫の概要

理活性物質を放出し，その刺激によりマクロファージや樹状細胞が異物を処理する機構である．獲得免疫は自然免疫で処理できない場合に働き，脊椎動物特異的で，対応に時間を要するが抗原特異性は高い．

10·3·3 獲得免疫の成立と抗体

異物が樹状細胞の中でペプチドに断片化されるとこれが真の抗原となり，抗原にリンパ球が反応して増殖して獲得免疫が成立する．リンパ球は大別すると**胸腺**(thymus)で成熟する **T 細胞**(T cell)と，**骨髄**(bone marrow)で成熟する **B 細胞**(B cell)がある．リンパ球の表面には抗原と特異的に結合するタンパク質（B 細胞では抗体，T 細胞

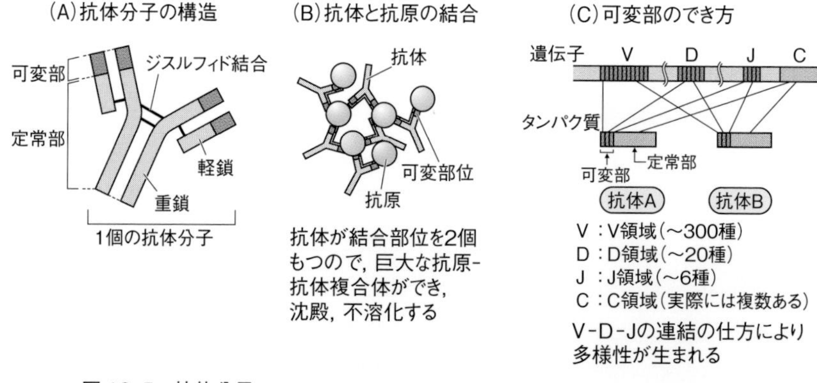

図 10·5 抗体分子
抗体は 2 本の重鎖と 2 本の軽鎖のタンパク質が結合したものである．

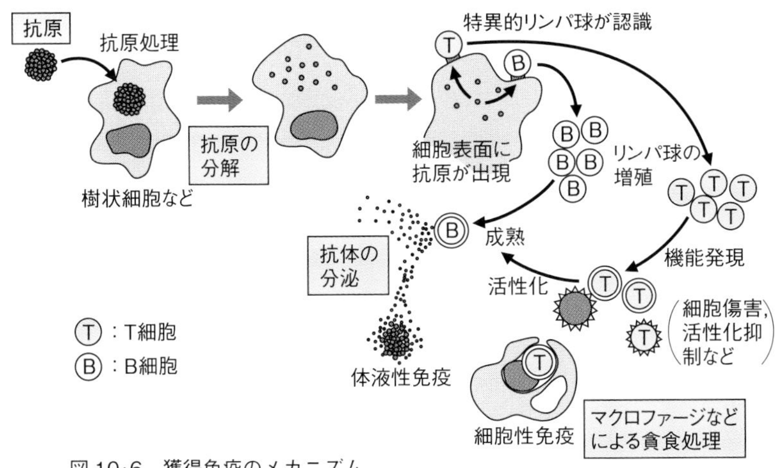

図 10·6 獲得免疫のメカニズム

では受容体）があり，抗原認識にあずかる．成熟した B 細胞は抗原と特異的に結合するタンパク質「**抗体**」(antibody) を分泌するが，抗原と抗体の関係は鍵と鍵穴のように特異性が高い．抗原（異物）は抗体とともに巨大な複合体となり，**マクロファージ**(macrophage) により貪食(どんしょく)処理される（3 章参照）．抗体による免疫を**体液性免疫**(humoral immunity) という．T 細胞には複数の種類がある．**ヘルパー T 細胞**(helper T cell) は B 細胞の増殖を助け，**抑制性 T 細胞**(suppressor T cell) は B 細胞の増殖を抑える．**キラー T 細胞**(killer T cell)（**細胞傷害性 T 細胞**(cytotoxic T cell)）は抗原を含むウイルス感染細胞，異種細胞，癌細胞を殺す作用をもつ．

10·3·4 細胞性免疫

体液性免疫に対し，T 細胞自身が実行する免疫を**細胞性免疫**(cellular immunity) という．細胞性免疫では**キラー T 細胞**が抗原をもつ細胞を認識して種々の因子を分泌し，**補体**(complement)（血液中にあるタンパク質の一種）との共同作用により，抗原をもつ細胞を殺したりマクロファージの貪食作用で処理する．結核感染テストのツベルクリン反応は細胞性免疫を利用している（注：注射部位に免疫細胞が集まり，炎症反応が起こる）．細胞性免疫では **HLA** という細胞の目印となるタンパク質が重要である．HLA は**ヒト白血球抗原**(human leukocyte antigen) の略だが，実際にはすべての細胞の表面にあり，個人個人で構造が少しずつ異なる．T 細胞が抗原細胞を認識するときにはHLA＋抗原という複合体の全体構造を認識するので，異なるHLAであれば即座に「異物」と判断される．このため，他人の臓器を移植した場合には，免疫細胞が移植細胞を殺す拒絶反応が起こる（**移植免疫** transplantation immunity）（注：実際に移植を行う場合にはHLA型のより近い人の臓器を使い，免疫抑制剤を使って拒絶反応を抑える）．

10･3･5 ワクチン

ウイルスや細菌に対する免疫を得るため，人為的に接種する抗原を**ワクチン** vaccineといい，1796年，ジェンナーにより行われた天然痘のための種痘（毒力のないウシ天然痘ウイルスの接種）が最初である．接種する抗原は無毒化した**不活化ワクチン** inactivated vaccine（例：インフルエンザワクチン），毒力のない変異型感染体を使用する**生ワクチン** live vaccine（例：風しんワクチン）があるが，生ワクチンは病原体がある程度増殖するので，強く持続的な免疫が得られる．

解 説

抗毒素血清

毒ヘビに噛まれた場合，毒素を接種して抗体をもった動物の血清（**抗血清**）を患者に注射して抗体を受動的に付ける**血清療法** serotherapyがある．最近は遺伝子工学的に作製した単一抗体分子（**単クローン抗体** monoclonal antibody）を用いた抗体療法も行われる．

Column

免疫応答性の謎

なぜ自身に対する免疫はできないのか，なぜ膨大な数の抗原に特異的に対応できるのかという疑問がある．1種類のリンパ球（**クローン** cloneという）は1種類の抗原にしか反応しない．発生時にはありとあらゆる種類のクローンができるが，胎児期には自己に対するクローンは死滅し，また免疫性を無効にする機構（**免疫寛容** immune tolerance）が働くので，最終的に非自己抗原に対するクローンだけが残り（**クローン選択** clone selection），抗原刺激があるとそれに対するリンパ球クローンが増殖して機能を発揮する．多様性を生む原因はT細胞表面の抗原受容体遺伝子や抗体遺伝子に秘密がある．これらの遺伝子はリンパ球が生まれるときに組換えや突然変異が複雑に起こり，遺伝子に多様性が生まれ，遺伝子発現時やタンパク質合成に関しても多様性が生まれるため，結果として膨大な種類のリンパ球クローンができる．

最近，mRNA ワクチンや DNA ワクチンといった，核酸を接種して体内の細胞で抗原タンパク質を発現させる新しいタイプのワクチンが**新型コロナウイルス**に対して開発された.
novel coronavirus

解 説

インターフェロン

ウイルスが侵入すると細胞は**インターフェロン**（IF）というタンパク質を作りウイルス増殖を阻止する（ウイルス特異性はない）. IF の中には免疫細胞の活性化や癌細胞に殺傷能を示すものなどもある.
interferon

10·3·6　不適切な免疫が原因で起こる病気

抑制性 T 細胞の機能低下や免疫寛容能の低下によって免疫が強く働きすぎると，**膠原病**（こうげん）[結合組織病]（例：全身性エリテマトーデス，関節リウマチ）などの**自己免疫病**が起こる. 免疫の過敏反応は**アレルギー**といわれ，アトピーや薬物アレルギー，**アナフィラキシー**（即時的な全身症状を呈する）などがある. 逆に免疫が低下する病気には**免疫不全症**がある. 劣性の遺伝病だが，ウイルス感染などによりリンパ球が傷害を受けて後天的に発症する場合もある（例：**後天性免疫不全症候群＝エイズ**［AIDS］）.
collagen disease　autoimmune disease　allergy　anaphylaxis　immunedeficiency　acquired immunodeficiency

表 10·1　免疫に関連する病気

免疫が強すぎる場合	● 自己免疫病，膠原病（全身性エリテマトーデス，リウマチ） ● 過敏症／アレルギー（アトピー，薬物アレルギー，アナフィラキシー）
免疫が弱すぎる場合	○ 先天的／遺伝的なもの（先天的免疫不全） ○ 後天的なもの（ウイルス感染などによるもの，エイズ）

演 習

1. ヒトに感染症／伝染病を起こす病原体を，細菌とウイルスに分けて複数種あげなさい.
2. ウイルスと細菌とではどのような点が異なるのか. 異なるところを列挙しなさい.
3. 免疫にかかわる細胞の種類と，その役割について述べなさい.

1 2 3 4 5 6 7 8 9 10 11 12 13 14

<発展学習>癌から学ぶ細胞健全性の維持機構

1　癌細胞の特徴

正常細胞は 50 回程度分裂すると死んでしまう．これは細胞に元々寿命があることを意味するが，癌組織から得た細胞は無限に増え続ける．この**不死化**という性質こそ癌細胞の本質である．**癌**(cancer)あるいは（**悪性**）**腫瘍**((malignant) tumor)とは細胞増殖に関する遺伝子が突然変異した細胞で，細胞増殖制御でアクセルとなる因子が常時オン，あるいはブレーキとなる因子が常時オフになる変異により細胞が癌化する．癌細胞のもう一つの特徴は**トランスフォーム**(transform)している（性質が変化している）ことである．正常細胞は何かに触れると増殖を止め，隙間に侵入して増えたり浮遊状態で増えたりはしないが，癌細胞ではこのような性質が失われている．また癌細胞は少ない栄養素でも増殖し，細胞同士の接着性が弱い．これらの性質は速い増殖能と，浸潤や転移といった癌の悪性度と関連がある．

<不死化>

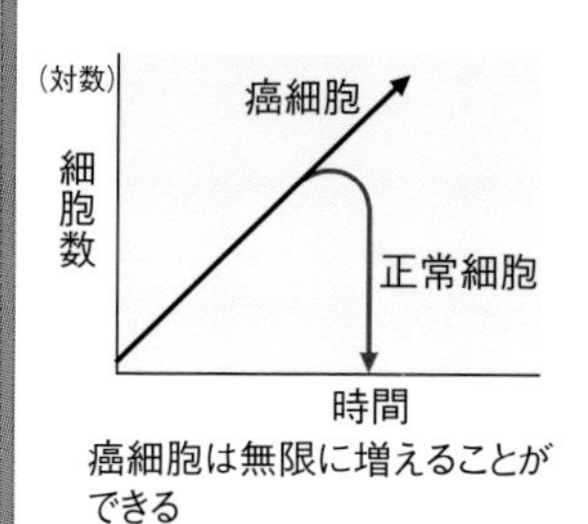

<トランスフォーム(形質転換)している>

・細胞形態の変化　癌化→　滑らかな細胞　大きく，いびつな核

・社会性喪失　→　バラバラになりやすい　他の細胞の中でも増える

・足場依存性，接触阻止の喪失　浮いた状態でも増える　盛り上がって増える

・腫瘍原性獲得

図 10·7　癌細胞の特徴
腫瘍：過剰増殖組織の一般的呼称（癌は正確には悪性腫瘍）

2　癌化の原因とウイルス発癌

正常細胞が**癌化**(carcinogenesis)する原因は DNA の変異にあるので，変異原（5 章）は**発癌剤**(carcinogen)にもなりうる（紫外線，コールタールの成分など）．外因性のもののみならず，複製の間違いや反応性の高い分子や原子（過酸化物など），さら

表 10·2　癌ウイルス

ウイルス名		動物	癌（腫瘍）の種類
DNA 型ウイルス	ヒトパピローマウイルス	ヒト	乳頭腫（良性），子宮頸癌
	ポリオーマウイルス	マウス	種々の癌
	EB ウイルス	ヒト	バーキットリンパ腫
	単純ヘルペスウイルス	ヒト	子宮頸癌（？），動物に肉腫
	B 型肝炎ウイルス	ヒト	肝臓癌
RNA 型ウイルス	トリ白血病ウイルス	トリ	白血病
	マウス肉腫ウイルス	マウス	肉腫
	成人 T 細胞白血病ウイルス	ヒト	白血病
	C 型肝炎ウイルス	ヒト	肝臓癌

注）肉腫：結合組織の癌．白血病：血液細胞の癌

には変異修復機構や異常細胞を死滅させるアポトーシス機構（5 章）の欠陥も発癌につながる．発癌因子の一つにウイルスがあるが，これはウイルスに細胞の複製や遺伝子発現を変化させる活性があることに起因する．ウイルス遺伝子の中で癌化にかかわるものを**発癌遺伝子** oncogene というが，その作用は DNA 型と RNA 型の癌ウイルスとで異なる．ヒトの **DNA 癌ウイルス** DNA tumor virus にはパピローマ（イボ）ウイルス，B 型肝炎ウイルス，ある種のヘルペスウイルスがあるが，これらウイルスの癌遺伝子産物は宿主の癌抑制遺伝子産物（下記）を無力化する．**RNA 癌ウイルス** RNA tumor virus には C 型肝炎ウイルスもあるが，大部分は**レトロウイルス** retrovirus に属する（下記参照）．

3　癌遺伝子と癌抑制遺伝子

RNA 癌ウイルスの癌遺伝子は，細胞の増殖関連遺伝子がウイルスゲノム中に取り込まれ，しかもその遺伝子がより活性をもつように変異したものである．RNA 癌ウイルスの遺伝子を**オンコジーン**（腫瘍遺伝子），元になった細胞の遺伝子を**プロトオンコジーン（癌原遺伝子）** protooncogene という（図 10·3）．癌原遺伝子発見の後，癌化を抑える**癌抑制遺伝子** tumor suppressor gene（例：p53 遺伝子，RB 遺伝子）が多数発見された．現在ではほとんどのヒトの癌で，何らかの癌抑制遺伝子の変異（機能を失っている）が明らかにされている．癌抑制遺伝子の作用は様々であり，細胞増殖のブレーキとして働くもの，アポトーシスを誘導するもの，遺伝子発現を抑えるものなどが知られており，癌抑制遺伝子の働きが癌化の主要な抑止になっていることが考えられる．

11 植物の生き方

植物は動物とは異なり，根と茎（＋葉）といった簡単な体制しかもたない．植物は独立栄養生物であり，二酸化炭素と水から糖を合成し（光合成／炭酸同化），さらにアンモニアなどの無機窒素を元にアミノ酸などの有機窒素化合物を合成する（窒素同化）．種子植物は花粉中の核と胚のうの中の卵の受精による有性生殖を行うが，無性生殖で増えるものも少なくない．植物の成長や開花はホルモン，日照，温度などによって調節されている．

11・1　植物の体制と物質移送

11・1・1　植物の基本構造

根(root)は個体を支えて水や養分を吸収し，**茎**(stem)は水分／養分の輸送路となっている．**葉**(leaf)は茎から出て光合成を行い，時間が経てば脱落するが，茎との区別は必ずしも明確ではない（例：両者が一体化しているものや，サボテンのように茎が葉の役割をもつものもある）．植物体内で水分を輸送する器官を**維管束**(vascular bundle)という．茎は中心部から外に向かって髄，形成層，皮層，表皮という構造をもつが，太くなるための細胞分裂が起こっている部分を**形成層**(cambium)といい，維管束は形成層に沿って円形に配置されている．植物体の上下方向の成長のための細胞分裂は茎と根の先の**成長点**(growing point)で起こる．木（**木本**(woody plant)）と草（**草本**(herbaceous plant)）の違いはリグニンという多糖類が細胞壁にたまる（木本の場合）かどうかによるが，木本植物は寿命が長く，茎に 1 年ごとに成長した痕跡である年輪が現れる（注：竹は年輪がないので草本である）．木の幹は大部分が死細胞で，形成層から皮層までのわずかな部分の細胞が生きている．

11・1・2　葉からの気体の出入り

葉が緑色に見えるのは，表皮の奥にある**さく状組織**(palisade tissue)（葉の表側）と**海綿状組織**(spongy tissue)（葉の裏側にあり，隙間が多い）の細胞が**葉緑体**(chloroplast)をもつためである．

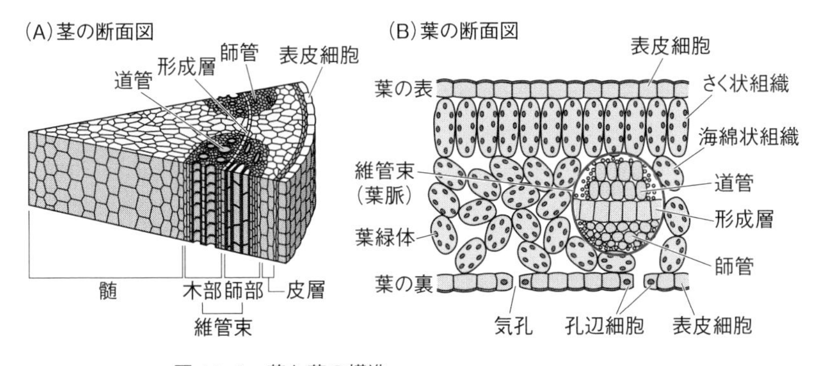

図 11·1　茎と葉の構造
表皮細胞に葉緑体はないが，孔辺細胞にはある．

葉の表側表皮はワックス状のクチクラ層に覆われているが，裏側表皮には気体の通り道である穴（**気孔** stoma）が多数ある．気孔部分の細胞（**孔辺細胞** guard cell）は葉緑体をもち，光合成が盛んな昼は開き，夜になると閉じる（注：光合成による浸透圧の上昇で水が孔辺細胞内に入り，圧力（**膨圧** turgor pressure）がかかるために閉じることができる）．

11·1·3　養分の吸収と移動

水分は維管束内部の管を移動する．**維管束**は形成層を挟み 2 種類の管が多数ある．茎内側の管を**道管** vessel，その領域を**木部** xylem といい，根から来た水の通り道となる．形成層外側の管は**師管** sieve tube といい，葉からの養分を根や果実などに送る．師管のある領域を**師部** phloem という．根からの水分吸収は**根毛** root hair（根の細胞が出ている毛の部分）にかかる浸透圧（**根圧** root pressure という）によるが，葉からの水分蒸散と水の凝集力があるために水が引き上げられる．

11·2　光合成：二酸化炭素からグルコースをつくる

11·2·1　葉緑体と葉緑素

植物は典型的な**独立栄養生物** autotroph であり（4 章，発展学習），**葉緑体**において二酸化炭素と水を材料に光エネルギーを用いて糖（グルコースやデンプン）を合成する．この機構を**光合成** photosynthesis といい，**炭酸同化** carbon dioxide の一つの型である．葉緑体は球状の細胞小器官で，DNA をもち自己複製する．進化的には藻類の葉

1 2 3 4 5 6 7 8 9 10 11 12 13 14

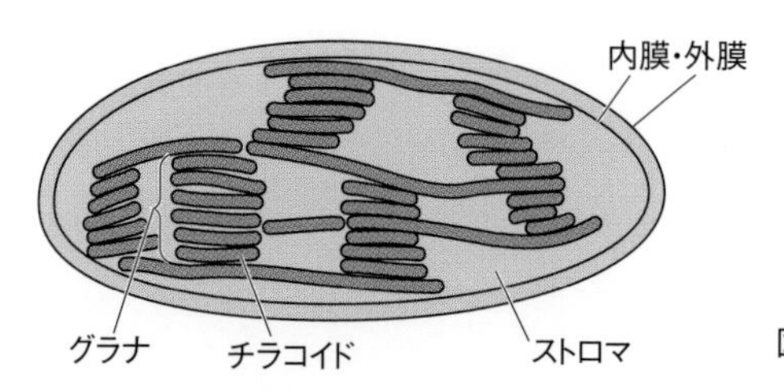

図 11・2 葉緑体の内部構造

緑体，あるいは原核生物であるランソウの構造に近い．葉緑体は二重膜で包まれ，内部に**チラコイド** thylakoid という扁平な袋と，それが積み重なった**グラナ** granum という構造がある．葉緑体の間質部分を**ストロマ** stroma といい，酵素などが含まれる．**光合成色素** photosynthetic pigment はチラコイド膜に含まれる．種子植物の主要な色素は緑色の**クロロフィル**（**葉緑素**）chlorophyll だが，このほかにも**カロテン** carotene や**キサントフィル** xanthophyll といった補助色素がある．クロロフィルはヘモグロビン(8 章)に似た構造をもつが，金属として鉄ではなくマグネシウムを含む．クロロフィルが緑色なのは緑色以外の光（主に青紫と赤）を吸収するためである．補助色素はそれ以外の波長の光を吸収し，そのエネルギーをクロロフィルに渡す（☞太陽光を効率よく利用するための工夫）．

11・2・2 光合成の進み方：明反応と暗反応

「光合成とは水と二酸化炭素を材料に，光エネルギーを利用してグルコースと水と酸素ができる反応」とまとめることができるので，光合成量を酸素生成量あるいは二酸化炭素減少量から計算できる．暗黒だと光合成はゼロだが，いかなるときも呼吸により酸素を吸収して二酸化炭素を出すため，見かけ上の光合成量は真の光合成量から呼吸の分を引いた値となる．光が強いと光合成は増加するが，一定量の光があるともはや増加せず，今度は温度と二酸化炭素の濃度で変化するようになる．このことは，光合成には光に依存する反応と，酵素反応のように光によらない反応があることを示唆する．大まかに前者の反応を**明反応**，後者の反応を**暗反応**と分ける場合がある．

11・2・3 光合成のしくみ

光合成 photosynthesis の過程は大きく二つに分けられる．最初の過程は光エネルギーがクロロフィルに吸収され，そのエネルギーで水が酸素と水素に分解される反応で，完全に光に依存し，酸素は体外に排出される．これと同時に活性化クロロフィルはたまったエネルギー（注：実際には水素原子とともに飛び出る高エネルギー電子）を他の物質に渡す．この一連の反応「**光化学反応**」が真の**明反応**である．水の分解でできた水素は活性化電子を失ったクロロフィルが元の（還元）状態になるために使われる．チラコイド膜ではエネルギーを使い，最終的に ATP の合成（注：この反応を**光リン酸化**といい，ミトコンドリアで行われる酸化的リン酸化と似ている）と補酵素である NADPH の合成が起こるが，ここには光は関与しない．

photochemical reaction / light reaction / photosynthesis

光合成における第二の過程は光の関与の少ない**暗反応**である．これは ATP と NADPH のエネルギーで炭素数 3 の糖をつくる反応であるが，はじめに炭素数 5（C5）のリブロース 1,5 ビスリン酸と二酸化炭素から 2 分子の 3-ホスホグリセリン酸（C3），次にグリセルアルデヒド 3-リン酸（C3）が生成する．グリセルアルデヒド 3-リン酸の一部はいくつかの化学変化を経

dark reaction

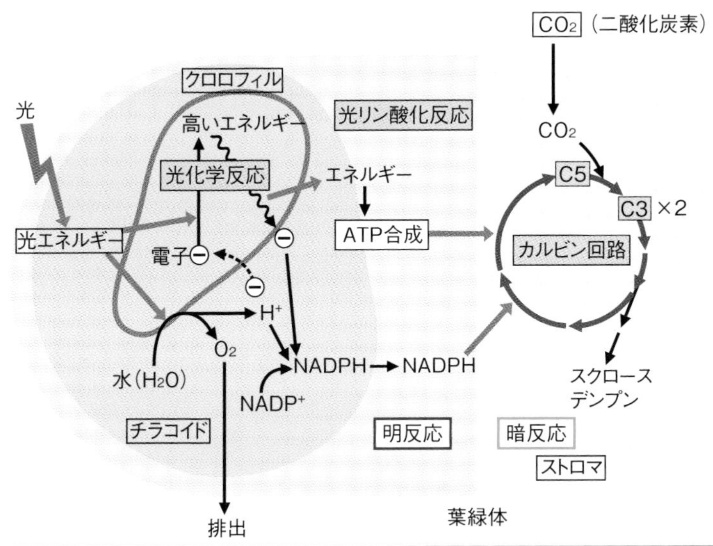

図 11·3　光合成の概略（代謝式）
大きく明反応と暗反応に分けられるが，真の明反応は光による水の分解と光化学反応部分である．

てリブロース 1,5 ビスリン酸に戻るが，この代謝系を **カルビン回路** Calvin cycle という．グリセルアルデヒド 3-リン酸は貯蔵物質であるデンプンになったり，スクロース（ショ糖）に組み換えられる．

多くの植物は，炭酸同化過程で C3 の 3- ホスホグリセリン酸ができるので **C3 植物** C3 plant というが，高温帯に棲息する植物（例：サトウキビ）は，二酸化炭素を C3 のホスホエノールピルビン酸と結合させ，最初に C4 のオキサロ酢酸をつくるので **C4 植物** C4 plant といわれる．C4 植物の葉で同化された二酸化炭素はいくつかの過程を経て維管束鞘という特殊な細胞に移送され，そこでカルビン回路に渡される（注：高温で気孔が閉じることにより二酸化炭素が欠乏ぎみになって代謝バランスが崩れるのを防止する対応）．

Column

光合成細菌と化学合成細菌

原核生物の中にも**独立栄養生物**がある．一つは植物のように光合成をするもので，**ランソウ** cyanobacteria と**光合成細菌** photosynthetic bacteria（例：紅色硫黄細菌）があるが，ランソウ以外は酸素を出さない（注：二酸化炭素の同化に必要な水素を，硫化水素や有機物など，水以外の物から得るので）．あとの一つは**化学合成細菌** chemosynthetic bacteria で，無機物を酸素で酸化し，そこで生ずる化学エネルギーで炭酸同化を行う．この中にはアンモニアを亜硝酸にする亜硝酸菌，硫化水素を硫黄にする硫黄細菌（☞ 温泉に棲んでいる），水素を水にする水素細菌などが含まれる．

11･3 窒素同化：窒素を有機物に取り込む

11･3･1 窒素同化の目的としくみ

生物個体をつくり維持する有機物としては糖だけでは不十分であり，タンパク質や核酸といった窒素を含む有機物も必要である．動物は他の生物がつくったタンパク質を食べ，その消化物であるアミノ酸を主な窒素供給源としているが，植物は必要な有機窒素化合物を土中の無機窒素化合物から自力で合成することができる（注：動物は不完全にしかできない）．窒素を有機化合物に取り入れることを**窒素同化** nitrogen assimilation という．植物が吸収する無機窒素の一つは**アンモニア** ammonia（アンモニウム塩）であるが，**硝酸塩** nitrate を吸収した場合は体内でアンモニアに変化（還元）させる（注：**亜硝酸塩** nitrite は細菌によって酸化されて硝

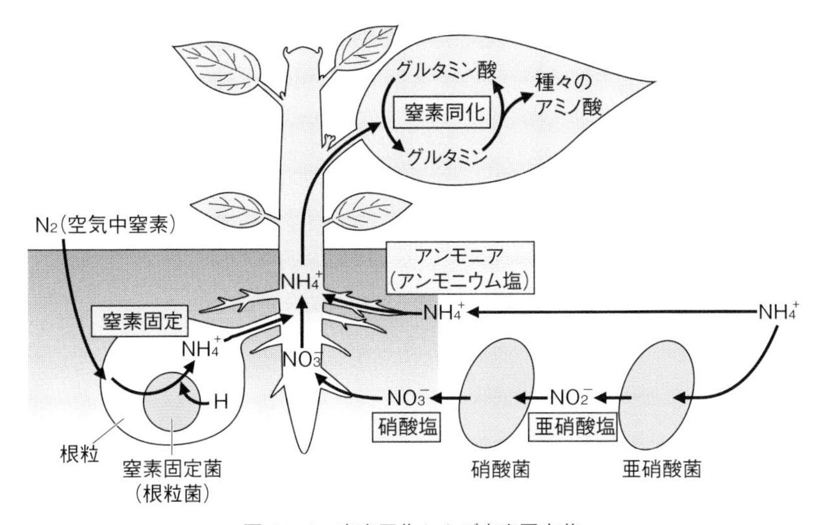

図 11·4　窒素同化および窒素固定菌

酸塩になったものを吸収する）．取り込まれたアンモニアはアミノ基としてグルタミン酸に付加されてグルタミンになり，付加されたアミノ基はその後，様々な化合物に渡り，種々のアミノ酸やヌクレオチド／核酸の原料となる．

11·3·2　空中窒素の固定

最も豊富な窒素は空気中の窒素ガスであるが，原核生物の中にはこの空気中窒素からアンモニアをつくる（**窒素固定** nitrogen fixation）ものがいる．窒素固定では窒素と水素と ATP からアンモニアができる．窒素固定する生物にはラン藻類のほか根粒菌，アゾトバクターといった細菌類があり，中には植物と共生するものもある．**根粒菌** rhizobium はマメ科植物（例：レンゲ，大豆）の根粒に棲息し，窒素固定でつくったアンモニアを宿主に与え，宿主からは糖をもらっている．水田のあぜ道に大豆を植えるのは，土に栄養補給する意味がある．

11·4　種子植物の生殖

11·4·1　花の構造

花 flower は種子植物の生殖器官であり，葉が特殊に分化したものであることがわかっている（注：遺伝子発現調節により，**がく** calyx，**花弁** petal，**おしべ** stamen（雄（ゆう）ずい），

めしべ（pistil）（雌ずい）のどれになるかが決まる）．花は減数分裂によって卵や花粉といった配偶子をつくる．おしべの先には核型 n の核をもつ**花粉**（pollen）ができるが，成熟期にはさらにそれが大小の細胞に分裂し，大きな方はめしべについた後，**花粉管**（pollen tube）となって伸びる．小さな方（雄原細胞）はもう一度分裂し，n の雄原核をもつ 2 個の細胞となる．めしべの根元の膨れた部分（**子房**（ovary）：将来の**果実**（fruit））には減数分裂でできた 1 個の**胚のう**（embryo sac）（将来の**種子**（seed））がある．

11·4·2　受粉から受精まで

胚のうは大きな中央細胞と小さい複数の細胞（n 核をもつ）からなるが，中央細胞は 2 個の極核をもつ（$n+n$ となる）．小さな細胞の少し大きな 1 個の**卵細胞**（egg cell）（n）が将来の胚となる．花粉がめしべの先につくと花粉管が胚のうまで伸び，そこから 2 個の**雄原核**（generative nucleus）が中に入る．入った核の一つは中央細胞と受精し（$3n$ になる），他の 1 個は卵細胞と受精する（$2n$ になる）．つまり，受精は 2 種類の細胞で起こる（**重複受精**（double fertilization）という）．受精卵は**胚**（embryo）（子葉，幼芽，幼根をもつ）となり，中央細胞は大きく成長し，養分を貯める**胚乳**（albumen）となる．

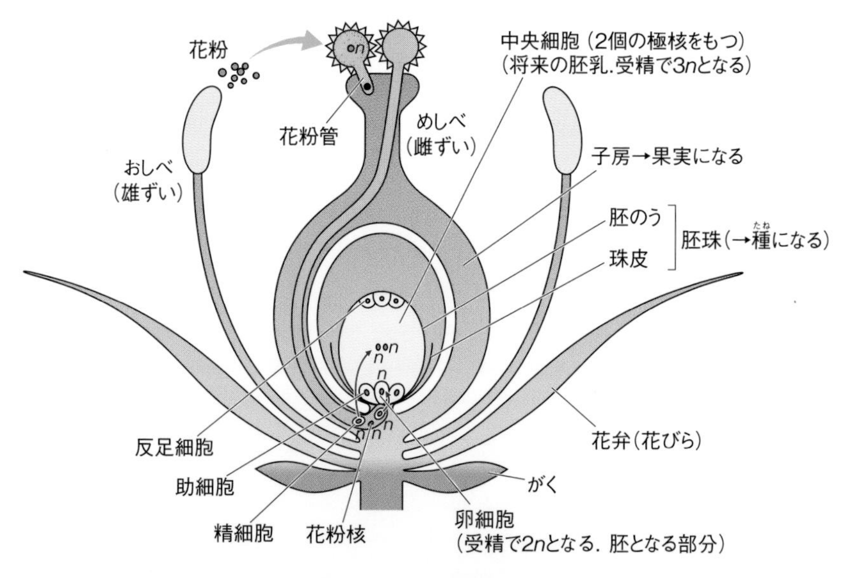

図 11·5　花の構造と受精

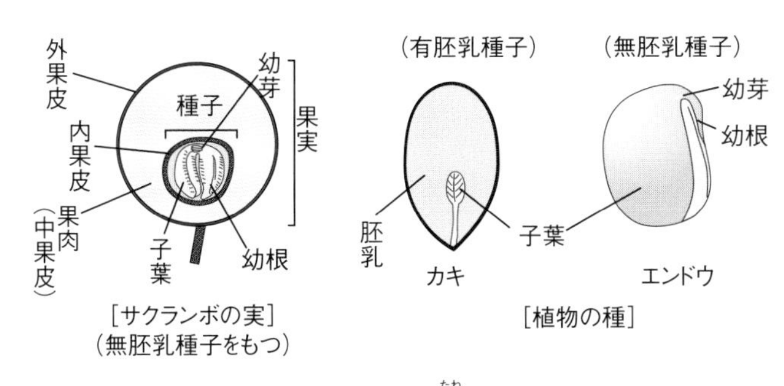

図 11·6　植物の種（たね）（種子）

発達した胚乳はイネやカキでみられるが，豆類や大根などの種子では胚乳は発達せず，代わりに**子葉**（cotyledon）（双葉の部分）が肥厚する．

11·4·3　無性生殖での増え方

受精して種ができるためには，核型が 2 の倍数である必要がある．奇数だと減数分裂における相同染色体のペアリングが正しくできず，正常な配偶子にならない．ヒガンバナなど，身の回りには奇数倍体植物が意外に多い．このような種子で増えることのできない植物は，イモや球根などの形で体の一部を切り離して増える．この方法を**栄養生殖**（vegetative reproduction）といい，**無性生殖**（asexual reproduction）の一つである．こうして増えた個体は同一ゲノムをもつ一つのクローンである．

11·4·4　花の付け方や受粉の仕方

通常の種子植物の花は一つの花におしべとめしべがある**両性花**（hermaphrodite）だが，遺伝的多様性を維持するには自分自身で受粉する（**自家受粉**（self-pollination））より別の個体間で受粉する（**他家受粉**（cross-pollination））方がよい．この理由のため，トウモロコシやキュウリのように雄花と雌花が別なものや（**雌雄異花**（diclinism）），より確実に受粉するためにイチョウのように雄花と雌花が別の個体にできるもの（**雌雄異株**（dioecism））もある．植物によっては他家受粉が必須な**自家不和合性**（self-incompatibility）という性質をもつものがある．園芸果樹品種の中にはこのタイプのものがあり，優良品種の多くは接ぎ木で増やされるが，これだと果樹園に木が何本あっても自家受粉しかできない．このため自家不和合性植物では遺伝的に別の個体の花粉を人為的に付

Column

種なしスイカの種

二倍体スイカを**コルヒチン**（細胞分裂を阻害する）で処理すると四倍体の種子がとれ，この種から成長したスイカの花のめしべに通常（二倍体）の花粉を受粉させて三倍体の種子をとる．この種をまいて三倍体スイカの花を咲かせる．この花に通常の花粉を付けると，子房が膨らんでスイカの実ができるが，種はできない．これが種なしスイカができるタネ明かしである．

colchicine

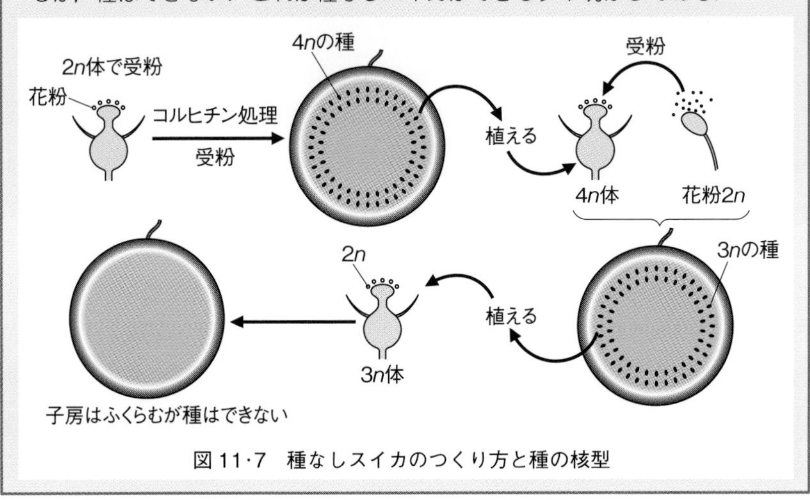

図 11·7　種なしスイカのつくり方と種の核型

けてやる必要がある．［チェックポイント：この操作で果実に種ができるが，この種を植えても元と同じような優良品種の木はできない．］

11·5　植物にみられる調節

11·5·1　細胞分裂に関するオーキシンの正と負の作用

植物の増殖における調節物質を**植物ホルモン**（phytohormone）というが，成長点からは成長ホルモンの**オーキシン**（auxin）が出ている．オーキシンは重力に従って下方に移動するため，茎は上に根は下に伸びる（**重力屈性**（gravitropism））．オーキシンは光の少ない側で効果が出やすいため，茎は光の来る方向に曲がる（**光**(ひかり)**屈性**（phototropism））．オーキシンは濃すぎると負に働き，その至適濃度も茎で高く，芽（側芽）で低いというように部位で異なる．このため通常は側芽の成長は抑えられているが，成長点が切り取られると側芽が出る．合成オーキシンの 2,4-D はイネ科以外の植

表 11·1　種々の植物ホルモン

種類		働きと性質
オーキシン	インドール酢酸	伸長成長の促進と抑制．落葉・落果の防止．果実の肥大促進
	2,4-D	合成オーキシン．除草剤として使われる
ジベレリン		伸長成長の促進．子房の発達を促進．発芽促進
サイトカイニン（カイネチン）		細胞分裂促進．組織培養に利用される
エチレン		気体ホルモン．果実の成熟や落葉の促進

物の成長を抑えるので，枯葉剤／除草剤に使われる．オーキシンは葉や果実の落下防止や肥大にも働く．

11·5·2　それ以外の調節物質

ジベレリン gibberellin はイネ馬鹿苗病を起こすカビがつくる増殖因子で，植物体を大きくする効果がある．受粉前の花をジベレリン処理すると子房細胞の増殖が高まり，受精しなくとも果実が肥大するが，種なしブドウはこうしてつくる．**サイトカイニン** cytokinin 類（例：**カイネチン** kinetin）は細胞増殖の活性を高め，組織培養で汎用される．**エチレン** ethylene は気体であり，リンゴなどの果実から出て自身の熟成にかかわるが，細胞を老化させるといった側面もある（野菜の保存場所に，リンゴを一緒に置かない理由）．

11·5·3　花芽形成と光条件：光周性

植物が決まった時期に花を咲かせる現象の決定要因の一つは光である．コムギ，アブラナ，イチゴのように日が長くなると（春～夏にかけて）花を付けるものを**長日植物** long-day plant，キク，アサガオ，コスモスのように夏～秋にかけ，日が短くなると花を付けるものを**短日植物** short-day plant という（注：ナスやトマトのようにどちらにも属さないものもある）．このような光の長さによる調節を**光周性** photoperiodism というが，これには夜の長さ（**暗期** dark period）が関係している．基準になる暗期（限界暗期：通常 8 ～ 10 時間）以上になったときに花芽を付けるものが短日植物，それ以下になったときに花芽を付けるものが長日植物である．暗期は連続していることが重要なので，短日植物を充分長い暗期で育てても，限界暗期以下の時間にフラッシュして暗期を中断すると（**光中断** light break）花芽は出ない．イチ

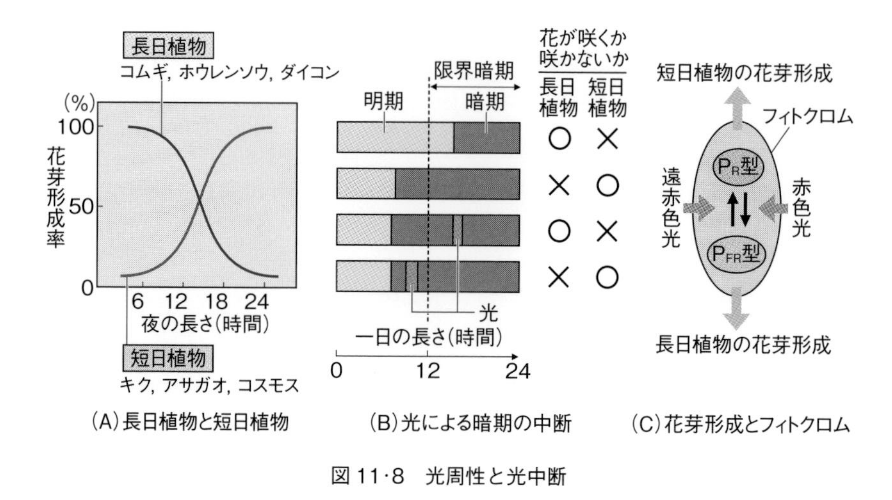

(A) 長日植物と短日植物　(B) 光による暗期の中断　(C) 花芽形成とフィトクロム

図 11·8 光周性と光中断

ゴを夜も光を当てて育てると，早く花を付けるようになる．なお光を感知する器官は葉なので，葉をすべて取り去ると光周性がみられなくなる．

11·5·4 光感知機構

光を感ずる物質は葉に含まれる**フィトクロム** phytochrome という色素で，花芽形成ホルモン合成に効いている．この色素は赤い光を吸収して P_{FR} 型に，赤外線に近い光（遠赤色光）を吸収して P_R 型に変化する．P_{FR} 型は暗期では分解されて P_R 型になる．P_{FR} 型フィトクロムが**光周性の決定要因**であり，P_{FR} 型が残っていると花芽を形成するものが長日植物，P_{FR} 型が分解されて P_R 型になったときに花芽を形成するものが短日植物である．長い暗期の途中で赤色光を当てると P_{FR} 型ができて短日植物は花芽を出さないが，その後すぐに遠赤色光を当てると P_{FR} 型が P_R 型になるので（赤色光の効果がキャンセルされる）短日植物は花芽を出す．つまり最後に当たった光が決定要因となる．

11·5·5 植物が春を感ずるしくみ

花芽形成 flower bud formation の別の誘因は低温を経験することであり，桜が春に花芽をつくるのは寒い冬を経過したためである．このため，秋に落葉した桜が冬を迎えた時，一時的に暖かい日を経験するとしばらくして花を付けてしまうという現象がしばしばみられる．秋まきコムギは秋に種をまいて発芽させ，冬を越した後の春に花芽を出すが，春に種をまいたのでは成長するだけで花芽を付けない．ただ春にまき，途中少しの期間10℃以下の状況をつくってやると花芽が形成する．このような処理を**春化**（vernalization）という．

11·5·6　発芽の条件

乾燥した植物の種は休眠状態にあるが，温度と水，そして光条件が揃うと発芽する．光条件は植物により異なるが，多くの種子は暗くしないと発芽しない**暗発芽種子**（dark germination）である．これに対し，レタスなどの種子は発芽に光が必要である（**光発芽種子**（light germination））．発芽では種子の胚部分から分泌される**ジベレリン**（gibberellin）（11·5·2項）と，胚乳に含まれるデンプン分解酵素の**アミラーゼ**（amylase）が重要である．種子が水を吸うとジベレリンができ，それがアミラーゼの合成を促し，デンプンが分解されて麦芽糖になり，これがマルターゼ（8·2節）によりグルコースに変換される．

Column

連作障害

特定の植物を何年も栽培しているとやがて育たなく現象を**連作障害**（continuous cropping hazard）という．トマトでよく知られているが多くの植物でみられる．有害物質流入·蓄積，植物自身が有害物質をつくる，病害虫や病原体の濃縮など，様々な理由で起こる（水耕栽培では起こらない）．年ごとに別種の植物を植えたり（**輪作**（crop rotation）），土の交換や消毒，有機物を施すなどの措置で対処できる．

1. 直径1メートルの木の幹を一周するように深さ数センチメートルの切り込みを入れたら，木が死んでしまった．なぜか？
2. 本章の11·4·4項の「チェックポイント」欄で記されている現象が起こる理由を考えなさい．
3. 太陽光の代わりに白い光，あるいは緑の光を当てて植物を育てたところ，緑の光を当てた方はあまりよく育たなかった．その理由を考えなさい．

12 生物の集団と生き方

ある一つの生物種は個体群として一定の行動をとり，個体群の集合である生物群集は相互作用をおよぼしながら，無機的環境の中で生態系を形成する．生物の行動には種内競争，種間競争，捕食・被食などの様々なものがあるが，それらすべては資源獲得と種の繁栄という共通の目的のために行われている．生態系を構成する個別の要素は食物連鎖と物質／エネルギー循環でつながっており，その構造は自然現象や人為的原因によって変化する．

12・1 個体群の増殖戦略

一定空間に存在する同種生物の全体を**個体群**（population）という．

12・1・1 生存曲線と繁殖の型

生物の生存数の変化を表す**生存曲線**（survival curve）には3つのタイプ（Ⅰ型，Ⅱ型，Ⅲ型）がある．Ⅰ型は成長期の死亡率が低く，Ⅱ型は年齢に比例して生存数が減り，Ⅲ型は初期の死亡率が特に高いタイプである．どのタイプになるかは出産数と死亡数によって決まるが，Ⅰ型は親が子を保護する哺乳類に多く，Ⅲ型は

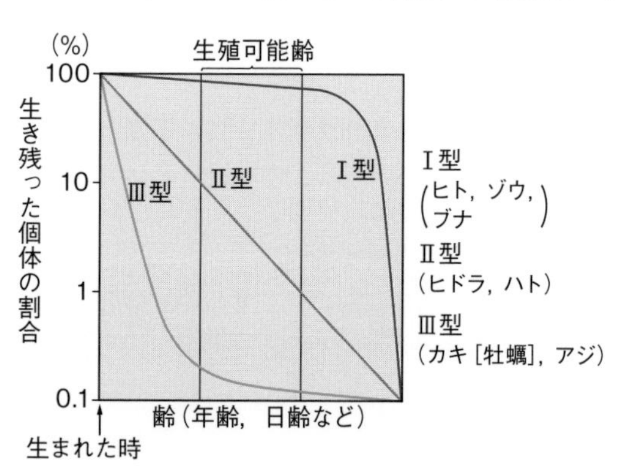

図 12・1 生存曲線

多数の卵を生みっ放しにする魚類や昆虫に多い．生涯の繁殖回数により，生物は**一回繁殖** monocarpy するもの（例：サケ）と**多回繁殖** multiple production するもの（例：マグロ）に分けられる．一回繁殖生物は生殖のコストが自己生存のコストより高いため，繁殖行動後に死ぬ．多回繁殖が有利であるにもかかわらず，実際には一回繁殖生物が多く存在する．繁殖のコストが小さい場合はとにかく多くの子孫を早く残そうとし（例：ネズミ），コストが大きい場合は少しの子孫を何回かに分けて残そうとする（例：ゾウ）．前者にあたる生物では寿命と繁殖年齢の短縮がみられる．

解 説

生物の生存における適応度，資源，利益，コスト

次世代に生殖可能な子孫をどれくらい残せるかの数値化された指標を**適応度** fitness といい，環境順応性，多産，繁殖寿命の延長，競争に勝つなどが適応度が上がるための具体的な原因となり，そのための必要な要素を**資源** resource という（例：餌，無機的環境条件，配偶者）．適応度が上がることを**利益** benefit といい（上記の原因），下がること（＝利益を得るために失うもの）を**コスト** cost という（例：エネルギー消費，負傷や病気）．

12·1·2　配偶行動

オスとメスが出会って交尾の末に子孫を残す**配偶行動** mating behavior は動物の適応性にとって重要で，多くの動物はメスとの**交尾** copulation, matching をめぐってオス同士が争う．オスはメスとの交尾の機会を得ようと，様々な段階で他のオスと競争する．オスの中にはメスを誘因する物質を出すものや，大きな声でメスをよぶものがある．オス同士が体を使って争う場合，通常は体の大きいものが勝ち残る．メスもいろいろな基準でオスを選ぶが，一般には目立つ大きな個体が選ばれる．オスのクジャクの華麗な尾羽はメスがオスを選ぶ基準になる．尾羽は生存に関しての適応度はむしろ低いが（例：運動には不利），長い尾羽を好むメスが多くなるという状況において，配偶行動における適応度を上げるために長い尾羽に進化したと考えられる．このような場合，尾羽はどんどん長くなり，最終的には生存に不利になるところで釣り合うか，際限なく成長して種絶滅という運命をたどる．

1 2 3 4 5 6 7 8 9 10 11 12 13 14

解 説

ライオンの子殺し

ライオンの集団に一頭いるオスが別のオスにとって代わられると，新しいオスは前オスの遺伝子をもつ子を殺す．通常，子を授乳中のメスは妊娠しないが，子殺しによってホルモンバランスが変わり，発情して新しいオスと交尾することができる．

12･1･3　個体群密度

生物は無限に増えることはできず，増殖速度は頭打ちになる．この原因は食物の不足（☞これが主な原因），空間の不足，捕食される確率の上昇，生理的原因による病気の上昇と増殖率の低下，子の質の低下などがあるが，それらを総称して**環境抵抗**（environmental resistance）という．個体群の拡大に対する負の効果を**密度効果**（density effect）という（密度＝個体数÷面積）．密度効果が高まれば，餌を求めて

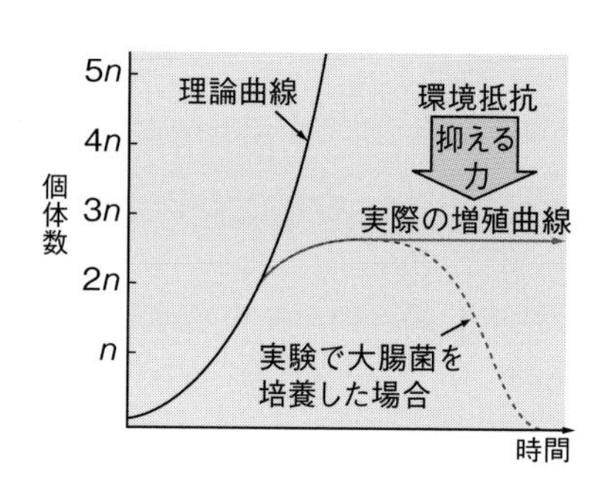

図 12･2　個体群の増殖曲線

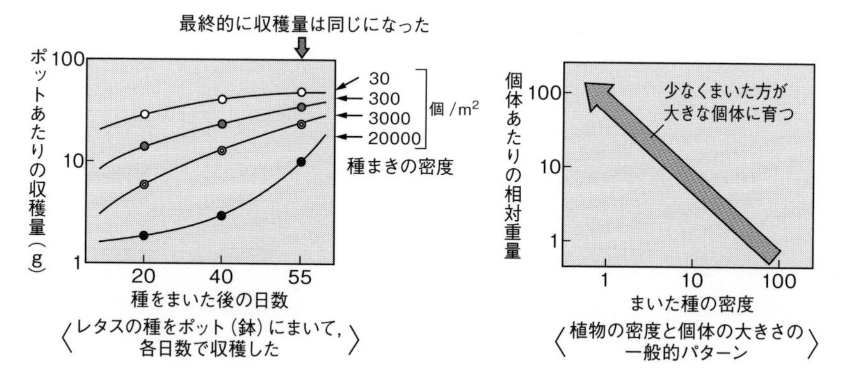

図 12･3　密度と個体サイズの関係

> **Column**
>
> **バッタの大発生と相変異**
>
> 移動型バッタ（ワタリバッタ）はトノサマバッタ［孤独相］の群生相で，大型で黒ずみ，羽根が大きい．トノサマバッタは互いに触れ合うと刺激によって集合するようになり，それら同士で集まって産卵するとさらに集合性が高まる．このような循環の末に集団が群生相に移行し，草原を求めて大移動する．このような生活条件に応じた容姿や行動の変化を**相変異**（phase polymorphism）という．

種内競争が激化し，死亡したり餓死する個体が増える．植物の種（たね）を鉢にまく場合，たくさんまくと個体サイズは小さくなるので，結局個体群の全重量はまいた種の密度と関係なく一定になる（**最終収量一定の法則**（law of constant final yield））．

12·2 個体群の内部構造

動物の生活パターンは単独行動か集団行動のいずれかに分けられる．

12·2·1 なわばり

動物によっては独占的行動圏「**なわばり**（territory）」をもっているものがあり（例：アユ，ホオジロ），圏内の餌を独占する．なわばりでは同性の侵入を阻止する場合が多い．オスがオスを排除しメスを受け入れる独占的行動圏の場合は繁殖のなわばりということができる．なわばりが形成されるのは，資源を独占した場合の利益が大きくコストが小さい場合で，もしなわばりを守る戦いで重大な損傷を負うようならばなわばりは成立しない．

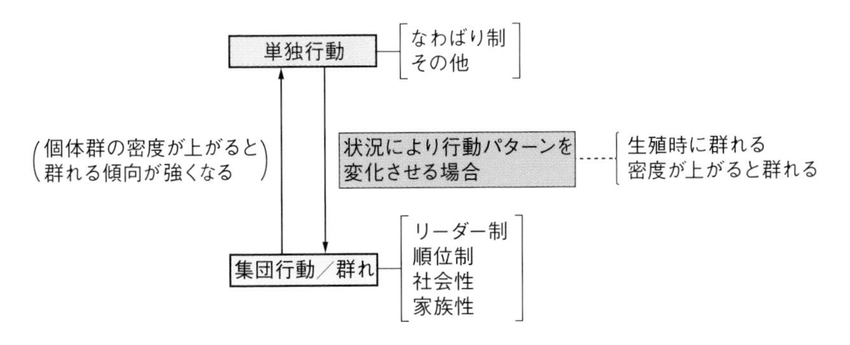

図 12·4 動物の二つの行動パターン

12･2･2 群れと社会

動物の中には**群れ**(group)をつくるものが少なくない（例：イルカ，ヌー，ライオン）．集団で暮らすことによって得られる餌の量が減っても利益が大きい場合に集団生活を選択する．集団でいると餌をとる効率が上がり，捕食される確率が下がり（これを**希釈効果**(dilution effect)という），見張りの充実により敵接近の危険が減る．集団の中の個体関係に秩序が存在する場合があるが，その例として**順位制**(dominance hierarchy)（例：ニワトリにみられるつつきの順位）や**リーダー制**(leader organization)（例：ニホンザル集団を統率するαオス［ボスザル］）がある．秩序の元で集団生活する動物は社会を形成し，そこには様々な社会行動がみられる．哺育や業務分担，階級，同居といった組織立った社会をもつ動物として，**社会性哺乳類**(social mammal)の**ハダカデバネズミ**やアリやハチなどの**社会性昆虫**(social insect)がある．**ミツバチ**の社会は生殖能をもつ一匹のメス（女王バチ）と複数の雄バチ，そして多数の生殖能のないメス（働きバチ）からなる．働きバチは他個体の繁殖の手助けに明け暮れるという，およそ個体の適応度とは矛盾する**奉仕的／利他的行動**(altruistic behavior)をとる．働きバチは**血縁度**(coefficient of relatedness)が高く，個体単独にとっては不利な行動にかかわる遺伝子が，集団内で保持され続けることにより集団の維持に有利に機能している（注：ミツバチは半倍数体なので［雄バチは半数体で，メスは二倍体］，働きバチ同士の血縁度は0.75となり，通常の二倍体姉妹［血縁度：0.5］より高い）．

Column

タカ派ーハト派ゲーム（hawk-dove game）

競争して資源を手に入れると適応度がV上がり，負傷すると適応度がC下がるとする．タカ派は攻撃的で負傷をかえりみず争い，ハト派は非攻撃的で，攻撃されたら退くとする．VがC以上の場合，タカ派が有利になり，集団はすべてタカ派となる．一方，VがCより小さいとき，タカ派の適応度がV/Cより大きければハト派の適応度が高くなり，小さければタカ派の適応度が勝り，タカ派はV/C，ハト派は1−V/Cで安定する．すべてハト派である方が種全体の適応度は上がる．

1
2
3
4
5
6
7
8
9
10
11
12
13
14

12·3　個体群間の相互作用

12·3·1　種間競争

動物は資源を求めて常に争っているかといえば，必ずしもそうでなく，タカ派-ハト派ゲーム（前頁コラム）でわかるように，中には競争を避けて生存するものもいる．攻撃的な行動は資源を得た場合の利益が大きく，かつ強い個体にみられる．

12·3·2　ニッチと種間競争

限られた餌をめぐる**種間競争**（interspecific competition）は似た生物種同士ほど激しい．近縁種はニッチの重なる部分が大きく，重複割合が大きいほど種間競争も激しい．このような種は長く共存することはできず，繁殖に劣る種はいずれ排除されてしまう．ただし，1本の木を餌場とする2種類の昆虫という，同一のニッチをもつ複数種が共存する例は珍しくない．しかし昆虫Aは木の上を餌場とし，昆虫Bは木の下を餌場にするというように，局所的には**ニッチ**（niche）を別にすることによる棲み分けが行われていることがわかる．このような**ニッチの分化**（niche segregation）は種の能力や特性の差（好みや運動能力や競争力の差）により生じる．

解 説

ニ ッ チ

生物の**生態的地位**（ecological niche）．必要とする資源とその利用方法を表す用語で，餌の種類や量，生育空間やその環境などで表される．

12·3·3　食う，食われるの関係

2種の間に明確な**捕食者**（predator）（食うもの）-**被食者**（prey）（食われるもの）の関係がある場合（注：被食者に対する捕食者を**天敵**（natural enemy）という），互いの個体群の挙動には密接な関連がある．ウサギとそれを餌とするヤマネコの個体数は10年周期で増減を繰り返すというデータがある．このような増減を**共振動**（resonance）というが，共振動の波形は捕食者の波が被食者の波を追うように，少し遅れる（例：ウサギが増えるとそれを捕食するヤマネコが増える．ヤマネコが充分増えるとウサギは減少に転じ，追ってヤマネコも減り始める．ウサギは激減するが，やがてヤマネコも急速に数を減らすので，今度はウサギが増え始める）．捕

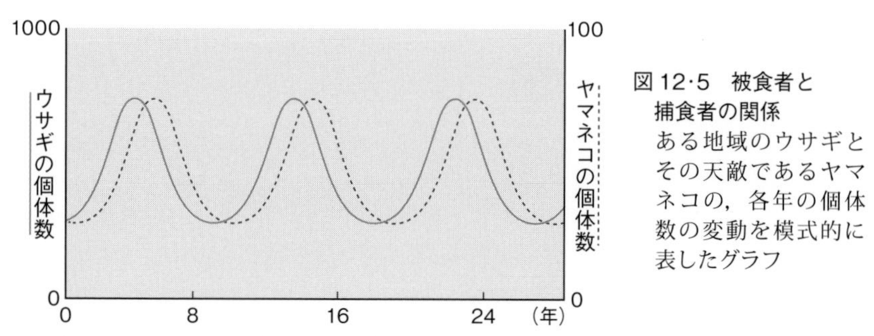

図 12·5　被食者と捕食者の関係　ある地域のウサギとその天敵であるヤマネコの，各年の個体数の変動を模式的に表したグラフ

食−被食の関係がある場合，一方の種が食べられないように，また他方がそれでも食べることができるようにと，エスカレートしながらともに進化する**共進化**(coevolution)が起こる場合がある．

12·3·4　共生と寄生

異種の生物が強い結びつき（細胞や組織に入り込む．あるいは密接に個体同士が接触する）をもって一緒に生活する形態を**共生**(probiosis)といい，双方に利益がある場合を**相利共生**(mutualism)，一方には有益でも他方には有害でも有益でもない場合を**片**(へん)**利共生**(commensalism)という．相利共生は，マメ科植物とその根の根粒に棲む**根粒菌**(rhizobium)（窒素固定細菌）（11 章）や，サンゴ虫と褐虫藻の間にみられる．片利共生の例としてはサメとコバンイタダキ（コバンザメ）がある．一方，ある生物［**宿主**(host)］の細胞や組織に入り込んで生活し，宿主に害を与える場合を**寄生**(parasitism)といい，その生物を**寄生体**(parasite)という．寄生関係は動物の消化器に寄生する寄生虫など多細胞生物にもみられる．ナンバンギセルという植物は葉がないため光合成ができず，ススキなどの根に寄生して養分を得ている．ヤドリギは光合成を行うが他の植物に寄生して養分を得なくてはならない**半寄生生物**(hemiparasite)である．寄生バチや寄生バエなどの寄生昆虫は他種昆虫の幼虫などに産卵し，それが成長すると幼虫を食い破って外に出るが（注：捕食に近い），その中のあるものは**生物農薬**(biopesticide)として利用されている．

12·4　生物群集の構造

一定空間に生存するすべての個体群／生物の集まりを**生物群集**(biocoenosis)という．

12·4·1　生物群集と食物連鎖

生物群集の捕食−被食関係は網の目のように結びついているが，このようなつながりの全体を**食物網**（food web）という．食物網の中で，上記の A → B → C → D という捕食する順序を**食物連鎖**（food chain）（この場合は**生食食物連鎖**（grazing food chain））という（例：草を虫が食べ，それをネズミが食べ，最後にキツネがネズミを食べる）．植物は有機物をつくり出すので**生産者**（producer）といい，生産者を食べるものを**一次消費者**（primary consumer）（例：草食動物），それを捕食するものを**二次消費者**（secondary consumer）という．これら消費者もより上位の消費者（＝食物連鎖のより上位にある動物）に捕食され，生産者にもなる．生物の遺体や排泄物を利用，分解する生物を**分解者**（decomposer）といい，ここにかかわる連鎖を**腐食連鎖**（detritus food chain）という．生物群集の中における生物の役割を**生態的地位**（151 頁）といい，ミミズは消費者であるが分解者でもある．

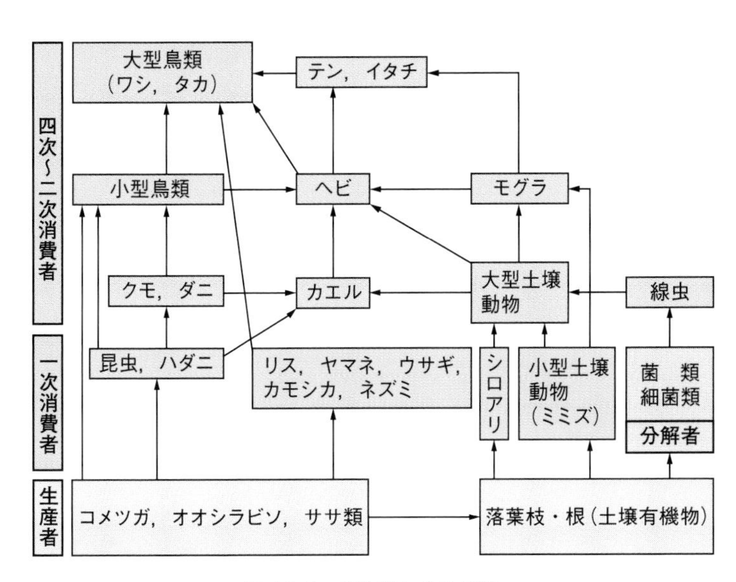

図 12·6　食物網と食物連鎖
本州の山地における例

解説　**生物濃縮**

PCB やダイオキシンといった有害物質の濃度が環境より生物体内で高く，食物連鎖の上位ほど高い（数～数百倍）という例があり，**生物濃縮**（bioconcentration）という．水棲生物でよくみられる．

12･4･2　植物の群系「バイオーム」

地上の生物群集は**森林**(forest), **低木林**(scrub), **草原**(grassland), **ツンドラ**(tundra)（寒地荒地）, **砂漠**(desert)に大別される．それぞれの場所で生物群集を形成する単位を**生物群系**［**バイオーム**(biome)］というが，その形成は主に気温と水分で決定される．バイオームはさらに**寒帯**(arctic zone)，**温帯**(temperate zone)，**熱帯**(tropical zone)などの**気候帯**(climatic zone)ごとに区分される．森林の場合，亜寒帯の**タイガ**(taiga)には**針葉樹林**(coniferous forest)，温帯には**常緑広葉樹林**(evergreen broad-leaved forest)と**落葉広葉樹林**(deciduous broad-leaved forest)（**夏緑樹林**(summer-green deciduous forest)），熱帯には**熱帯（多）雨林**(tropical rain forest)や**熱帯季節（雨）林**(tropical seasonal forest)が存在する．草原には密生したイネ科の草本植物群落に低木が散在する熱帯の**サバンナ**(savanna)，樹木はほとんど生えない温帯の**ステップ**(steppe)や**プレーリー**(prairie)がある．気温は標高が 100 m 上昇すると約 0.6℃下がるので，バイオーム形成要因には高度も含まれる．2500 m（**森林限界**(forest limit)）以上の高地は低木や高山植物だけからなる．

12･4･3　日本の植物バイオーム

沖縄は亜熱帯に属し，北海道の一部は亜寒帯に入るが，大部分は温帯気

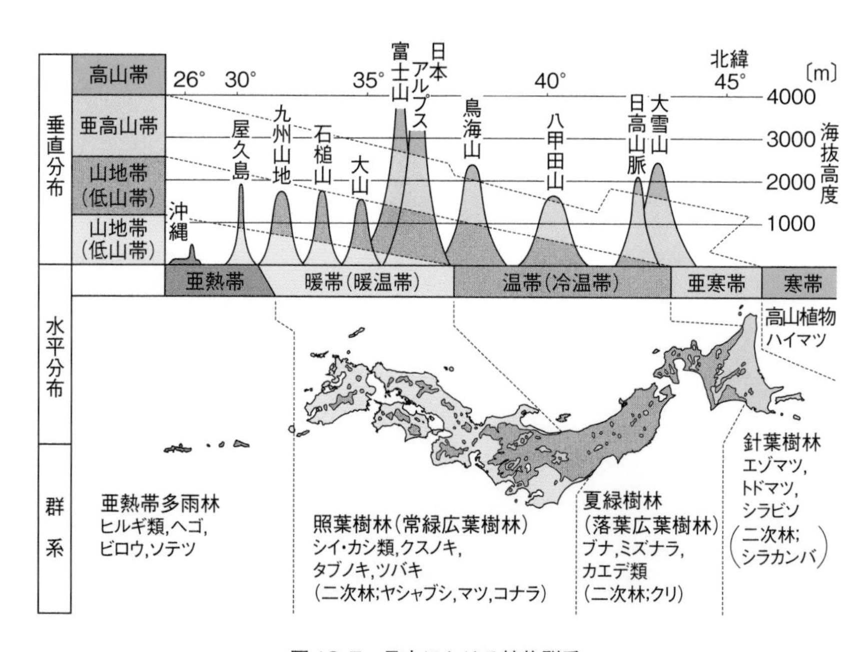

図 12･7　日本における植物群系

候に含まれる．またどの地域も雨が多いため，バイオームは基本的に温帯林を中心としている．森林の植生をみると，九州から関東地方までは**暖温帯常緑広葉樹林**（warm-temperate evergreen broad‐leaved forest）（**照葉樹林**（laurel forest））（例：カシ，シイ）がみられ，中部から東北地方までは**冷温帯落葉広葉樹林**（cool-temperate deciduous broad‐leaved forest）（**夏緑樹林**（summer-green deciduous forest））（例：ブナ，カエデ），そこから北の地域は**亜寒帯［亜高山帯］針葉樹林**（subarctic [subalpine] coniferous forest）（**亜寒帯樹林**（subarctic forest））（例：トウヒ，トドマツ）がみられる．中部地方の山岳地帯では平地の照葉樹林を基本とし，その上部に夏緑樹林（標高1000 m前後），亜寒帯樹林（標高2000 m前後），そして**高山植生**（alpine vegetation）（標高2500 m以上）が存在している．高山帯では高木が育たない．日本ではツンドラのような寒帯以北の平地がない代わりに，高山帯においてハイマツ類と高山植物からなる高山植生が存在する．

12·5　生態系とその働き

12·5·1　生態系とは

生物群集の生活は周りの無機的環境とも密接に関連しているが，生物群集とその基盤となる無機的環境を合わせたものを**生態系**（ecosystem）という．生物群集は炭酸同化する植物などの生産者と，動物など，それを餌とする消費者，そして生物の死体を分解する分解者からなる（前節参照）．**無機的環境**（inorganic environment）（**非生物的環境**（abiotic environment））は，生物を育むための媒体「**媒質**（medium）」（水，空気，土壌）とそれを支える**基層**（substratum）（例：岩石），そして光，二酸化炭素，塩類，酸素，有機化合物，栄養物質などの**代謝原料**（metabolic material）からなる．

表12·1　生態系の構造

生態系	生物群集（生物的要素）	生産者	植物などの光合成生物，化学合成細菌
		消費者	一次，二次，三次，四次消費者
		分解者	細菌類，菌類
	無機的環境（非生物的環境）	媒質	水，空気，土壌
		基質	岩石，土
		代謝原料	光，水，二酸化炭素，塩類，酸素，有機物

1 2 3 4 5 6 7 8 9 10 11 12 13 14

12·5·2　植物群集／植生の遷移

生物群集の状態は時間とともに変化（**遷移** plant succession）する．火山噴火地など，何もないところからの遷移を**一次遷移** primary succession という．**乾性遷移** xerarch succession の場合，まず岩が風化して砂や土ができ，コケ類や地衣類が定着する．続いて草本植物，背の低い木本植物，陽性の高木樹（陽樹：アカマツやコナラ）が現れ，最後に陰性の高木樹（陰樹：カシ，ブナ）になる．**陽樹** sun tree は多量の日差しを要求するが，**陰樹** shade tree は日陰に強いため，やがて陽樹林にとって代わる．植生があった場所が土砂崩れなどで壊れてから起こる遷移（**二次遷移** secondary succession）は速く進む．遷移が到達する植生を**極相** climax といい，植物種は気温に依存し，冷温帯ではブナ，イヌブナ，ミズナラなどがみられる．極相にある群集の植生の種多様性は日本の温帯では約 50 種だが，熱帯雨林では 100 ～ 200 種とその数が多い．湖沼で進む**湿生遷移** hydrarch succession では，養分やプランクトンの乏しい**貧栄養湖** oligotrophic lake から豊富な**富栄養湖** eutrophic lake へ遷移し，沼地・湿原を経て草原となり（陸地化し），後は乾性遷移をたどる．

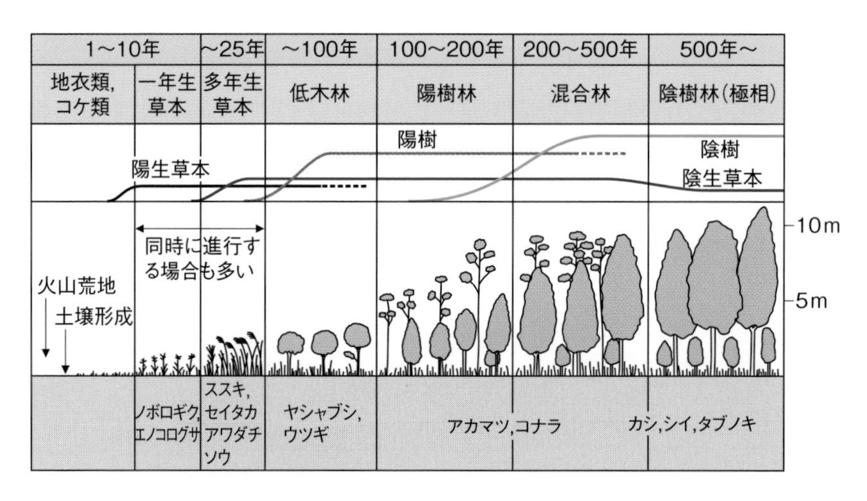

図 12·8　植物の遷移
日本の暖温帯地域で見られる植物の乾性遷移の例

12·5·3　水系の生態系

陸水 inland water（注：水量としては海水の 6 万分の 1）は静水（湖沼）と流水（河川）に分けられる．太陽の届く部分には生産者としてはヨシ，スイレン，フサモなどの植物と植物プランクトンがいる．消費者としては昆虫，カエル，魚などのネクトンのほか，動物プランクトン，イトミミズや貝類などのベントスが生息する．**海洋の生態系**（marine ecosystem）も陸水に類似するが，種の数は圧倒的に多い．植物や藻類などの生産者は200mより浅いところに棲み，生産力は淡水より高い．植物プランクトンはより深いところでは生息できず，深海にはわずかな種類のネクトンやベントスがみられる．

解 説　**水系の生物の分類**

水に棲む生物は**プランクトン**（plankton）**（浮遊生物）**，**ネクトン**（nekton）**（遊泳生物）**，**ベントス**（benthos）**（底生生物）**に分けられる．

12･5･4　生態系の生産性

生態系を維持し動かすエネルギーの源は太陽であり，すべての生物はこのエネルギーを利用している．生態系では生産者を起点とする食物連鎖ができているが，食物連鎖もエネルギーや無機物質の流れとして捉えることができる．生態系にある有機物量（＝炭素量）を**現存量**（standing crop）という．現存量は生きている生物だけでなく死んで堆積したものも含むが，熱帯雨林は大きく，砂漠は小さい．陸上生態系の生産速度は温度と水で制限されているので，熱帯の多雨地域は際立って高く，草原ではサバンナが高い．海洋では沿岸の藻場（もば）とサンゴ礁が最も高い．海洋の生産性は栄養となる塩類の量に依存するが，塩類は河川から供給されるので，沿岸部が高い．

12･5･5　生態ピラミッド

生産者のもつ生産量は食物連鎖の中で減少しながら上位のものに引き継がれる．植物が光合成でつくる**総生産量**（gross production）から呼吸に使われる量を引いたものを**純生産量**（net production）というが，植物を捕食した一次消費者は，その摂食量の大部分を呼吸で放出し，消化できなかった炭素分も排出・排泄するので，身体に残る炭素量は植物の純生産量あるいは被食量の一部となる．消費者に同化された**同化量**（gross assimilation）は生産者の生産量より圧倒的に少なく，また上位消費者のそれはさらに少なくなる（例：一段上がるごとに数十分の1になる）．「イワシをそのまま食べず，イワシを餌にして育てた養殖ブリを食べることはエネルギーの無

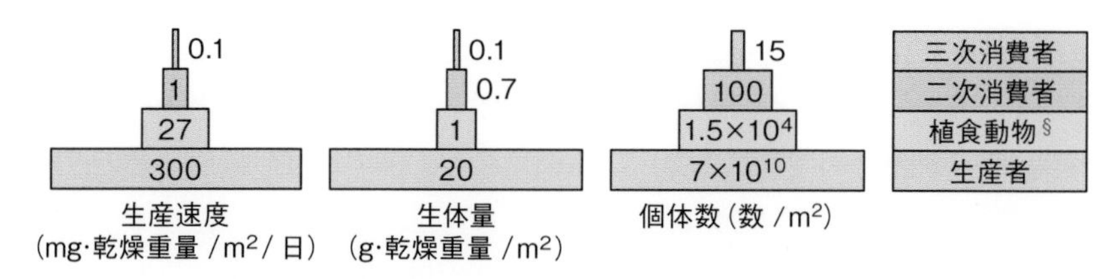

図 12·9　生態ピラミッド
ある池を調査した場合のデータ. §:植食動物(→一次消費者)

駄使い」といわれる理由がここにある．生産者の指数の上に上位消費者の指数を順に積んだものを比喩的に**生態ピラミッド**(ecological pyramid)といい，個体数ピラミッド，エネルギーピラミッド，生産力ピラミッドなどがある．

12·5·6　生態系における水と元素の循環

地球の**水**(water)の大部分（95%）は岩石に存在し，火山活動以外に生態系に出ることはない．生物が利用できる水の大部分（99%）は**海洋**(sea)にある．海洋や陸地から蒸発した水は大気に入り，雨や雪となって地表に戻る．生物は体に取り入れた水の一部を呼吸や蒸散，排泄によって大気や陸地に戻す．炭素は光合成により糖に同化され，有機物合成の材料やエネルギー源となる．自然界での**水循環**(water cycle)や**炭素循環**(carbon cycle)は開放的で各々の生態系を出たり入ったりする．大気中炭素（**二酸化炭素**(carbon dioxide)）は食物連鎖のより上位の消費者に流れるが，いずれの段階でも多くは呼気から二酸化炭素として放出される．大気中二酸化炭素の2割は炭酸同化に回るが，多くは海水に溶ける．炭素の一部は化石燃料（石炭や石油）として地中に貯蔵されているが，最大の貯蔵場所は石灰石と地中の有機物である．

タンパク質や核酸は窒素を含むが，**窒素循環**(nitrogen cycle)は主に生態系の内部で行われる．植物はアンモニアや硝酸塩から窒素を同化し（11章参照），窒素は食物網を回る．遺体や排泄物の窒素は分解者によりアンモニアとなり，一部は亜硝酸／硝酸となって植物に戻る．アンモニアや硝酸塩の一部は水に溶けて生態系外に出，一部は大気との間を循環する．空中に大量にある窒素の大部分は生産には寄与しないが，窒素固定細菌やランソウはそれを同化することができる．

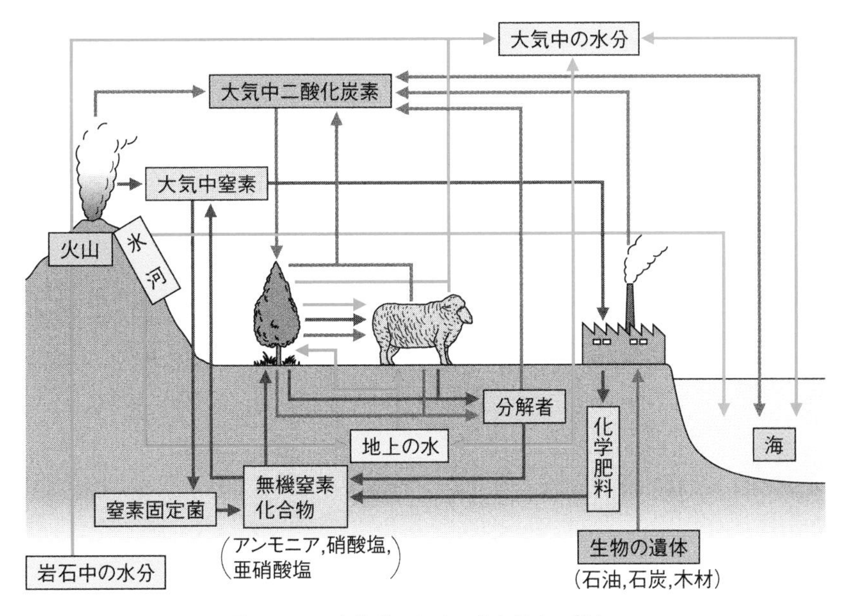

図 12·10　生態系における水と元素の流れ

12·6　生態系の破壊

12·6·1　生物集団の消滅

ある生物種が消え去ることを**絶滅** extinction というが（例：6700 万年前の恐竜），それが局所的に起こる場合もある（例：日本のトキ．同じ種は中国に生息している）．**国際自然保護連合**（IUCN）から絶滅が危惧されている生物種のリスト「**レッドリスト** red list／レッドデータブック」が発表されている（例：2020 年版では 32441 種が絶滅危惧種に指定されている）．種の個体数が少なくなると ある数を境に近親交配が急速に高まり，弱い子供が生まれやすく（**近交弱勢** inbreeding depression），また遺伝的多様性が減って（☞ 適応力が低下する）絶滅が加速度的に進む．種の維持には最低でも 50 個体以上は必要で，一定環境での安定な集団の維持には 500 ～ 5000 個体は必要という説もある．絶滅は火山噴火や気候変動により自然に起こるが，乱獲（12•6•2 項）などが原因で人為的に起こる場合もある．

12·6·2 生態系の人為的歪み

経済的に有用な生物は乱獲によって絶滅する可能性がある．ニュージーランドの大型鳥類モアは食肉用に**乱獲** over-hunt され，日本ではニホンカワウソ（毛皮用として）などが乱獲で姿を消した．有害動物として駆除されたものもある（例：タスマニアオオカカミ，ニホンオオカミ）．減少とは逆に，人為的に動植物が持ち込まれ，そこで繁殖し，先住生物種を駆逐したり生態系を変えたりする**侵入生物** invasive species もある．地球規模の侵入生物の例として，北米西海岸産のニジマス，アフリカミツバチなどがある．食料（例：アメリカザリガニやウシガエル）やペット（例：ミドリガメ），ネズミやハブの駆除動物として日本に持ち込まれたものも侵入生物である（例：マングース．南西諸島ではヤンバルクイナやアマミノクロウサギが被害に遭っている）．侵入生物は本来の生態系の中では数が適正に制限されていたが，元々の適応力が高く（例：どう猛で繁殖力が高い），侵入先に天敵がいないと短時間のうちに生態系に拡大してしまう．輸送手段の中に紛れ込み，非意図的に侵入する場合もある．

12·6·3 環境破壊

a. 地球温暖化と二酸化炭素の増加：地球表面温度は**二酸化炭素（CO_2）**やメタンなどの**温室効果ガス** green-house gas により一定に保たれているが，現在温室効果ガスで特に問題になっているのは CO_2 である．産業革命以降の人口増加と産業の拡大によって**化石燃料** fossil fuel（例：石炭，石油）の使用が増え，CO_2 濃度が急激に増加していることが **IPCC**［気候変動に関する政府間パネル］Intergovernmental Panel on Climate Change から報告

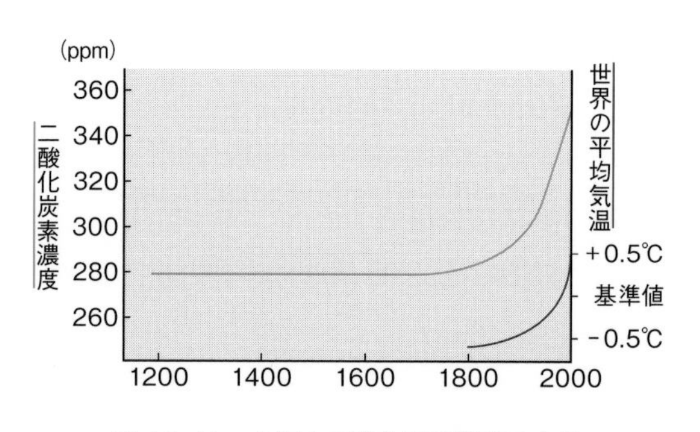

図 12·11 大気中二酸化炭素濃度の上昇

されている（例：1980 年に 340 ppm であった大気中 CO_2 濃度は 2020 年には 410 ppm に達し，毎年 2 ppm の速度で増えている）．大気中 CO_2 のかなりの部分は光合成で吸収されるので，森林減少は**地球温暖化** global warming を加速する．大気中 CO_2 の大部分は海水に溶けているが，海水温上昇は溶存 CO_2 を減少させ，大気中 CO_2 は加速度的に上昇する．海水温上昇は地球上の氷を溶かして海水を膨張させるので，今後 100 年で海面は 1 m 上がると試算される．

b. その他の課題：フロンガスはオゾンを分解して極地でオゾンの少ない成層圏の空間（**オゾンホール** ozone hole）をつくり，紫外線量増加に起因する皮膚癌の発生率を高める．化石燃料の燃焼により大気中の硫黄酸化物や窒素酸化物の濃度が上がると雨に溶けて**酸性雨** acid rain（pH5 以下）を発生させ，森林破壊や湖の酸性化が起こる．乾燥地帯で地下水を汲んで灌漑（かんがい）を行うと塩類が地表にたまり，土地の塩分濃度上昇（**塩害** salt injury）によって植物が死滅し，最終的には砂漠化してしまう．地球上では毎年 600 万 ha の土地の砂漠化が進んでいるが，森林伐採や灌漑など，多くは人為的な原因による．海水の**赤潮** red tide や湖沼の**アオコ** cyanobacterial bloom の正体は，水質の富栄養化により大発生したプランクトンだが，これらは溶存酸素を減少させ，水棲生物の生存条件を悪化させる．化学物質の中には性ホルモン活性をもつ（あるいは阻害する）**環境ホルモン** environmental hormone／内分泌撹乱物質があり，水棲動物の性ホルモン機能に影響を与える（例：貝類や魚類のメス化やオス化）．

1. 植物しか生えていない無人島の A 島にはシカ，B 島にはトラ，C 島にはシカとトラを放った．そこで起こる生態系の変動を予想しなさい．
2. 大量のオキアミを食べるクジラを捕獲することが，サバやマグロの漁獲を増やすことに繋がるというのはどういう理屈によるのか？
3. サトウキビ由来の糖を発酵させてつくるバイオエタノールは，燃やしても最終的には CO_2 濃度を上昇させない．なぜだろうか？

＜発展学習＞　生理的特性から見た適応戦略

1　植物にみる戦略

植物は光合成効率を上げるための様々な光獲得戦略をもつ．森林下部は光量が少ないので，下部に生える植物の葉は表面が上を向くように付くが，草原に生える草は下部にも充分な光が届くので，葉が垂直に立つ．森林の植物は光を求めて背を高くするが，幹を太くするというコストと水分が上まで上がりきらないというリスクを伴うため，必要以上に背を高くしない戦略がある（注：葉にある色素が隣接する個体から出る遠赤色光を感知すると幹の成長が速まるという機構がある）．陽当たりのよい場所の**陽葉**(sun leaf)は厚く，呼吸速度と光合成速度が高いが，日陰にある**陰葉**(shade leaf)は薄く，呼吸速度と光合成速度ともに低い．しかし弱光条件では呼吸が光合成より低いため，陽葉に比べ弱光下での光合成量が確保される．背の高い木は上部に陽葉，下部に陰葉をもつ．葉の気孔からは二酸化炭素が入り，水分が蒸散する．水の蒸散量は吸収量より圧倒的に多いが，気孔を閉じれば光合成は低下するため，植物は水分喪失＆高光合成か，水分保持＆低光合成のいずれかを選択せざるをえない．一般の植物は昼に光合成を行い，夜は気孔を閉じる．

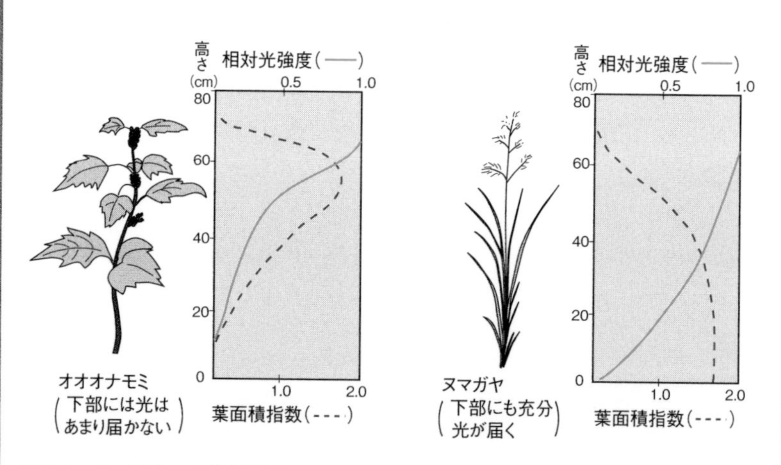

図 12·12　植物の光獲得戦略

オオオナモミとヌマガヤの形態（葉の形とつき方）とそれぞれの群落における光獲得の状態．葉面積指数：土地面積あたりの，その高さにある葉の総面積

2　動物にみる戦略

(1) 水分と塩分の調節：乾燥地域に棲む動物は特殊な方法で水分保持を行っている．砂漠に棲むカンガルーネズミは内呼吸で生産される水（4章参照）である**代謝水** metabolic water を利用する．また尿を濃くし，糞にほとんど水分を含ませない．さらにカンガルーネズミには汗腺がなく，汗としての水分ロスもない．水中に暮らす動物には別の意味での水の問題がある．海産動物は塩分が浸入して，**浸透圧** osmotic pressure（9章）が上昇するという危険性があり，塩分濃度の調節を工夫している．多くの無脊椎動物は体液の浸透圧を海水と同じにしているが，軟骨魚類は塩類以外の物質（例:尿素）で浸透圧を保つ．硬骨魚類，は虫類，哺乳類，鳥類の体内浸透圧は海水よりはるかに低く，体内から水が逃げるので，これらの動物はまず海水を飲んで水分をとり，体内にたまった塩分をそれぞれの方法で排出する（例：魚類はエラから［淡水魚は逆の生理現象を示す］．海鳥類や海ガメ類は目の近くにある塩類腺から）．クジラ類は海水を飲まず，代わりに代謝水を利用して濃い尿をつくる．淡水に棲む動物には逆に塩類を積極的に吸収するしくみがある．

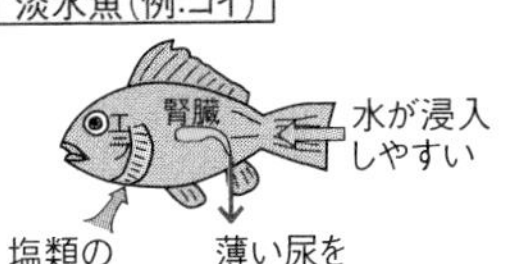

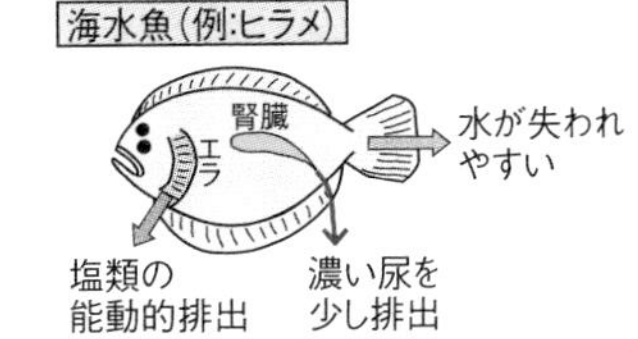

図 12·13　魚（硬骨魚類）にみる塩分調節機構

(2) 温度調節：環境温度によって体温が変動する**変温動物** allotherm の体温も，行動により変化する．通常は場所を移動して体温を調節するが，中には局所的に熱を発生させるものもある（例：遊泳中のマグロの筋肉．抱卵中のニシキヘビ）．ミツバチ（働きバチ）は気温が下がると羽ばたきをして体温を維持する．**恒温動物** homeotherm は脳の体温中枢で体温の調節をするが，ホルモンを介する代謝上昇により代謝熱を得る．体温を下げる場合は汗腺から水分を蒸発させて気化熱を奪うが，汗腺が発達していないイヌは，あえぎ呼吸で口から気化熱を奪っている．恒温動物は温度維持のコストが高いので，リスなどの小型哺乳動物の中には**冬眠** hibernation で体温を0℃近くまで下げてエネルギーを節約するものがある．体重に対する体表面積は体重が少ないほど大きいので，小さな恒温動物ほど頻繁にエネルギーを補給する（☞ 食べる）必要がある．

13 生物の進化

生物が自然発生するということはないが，太古の地球では有機物を含む海から生命が誕生したと思われる．原始生命は様々な方法で進化し，無脊椎動物種の多様化，植物の繁栄と酸素の蓄積，裸子植物から被子植物への勢力転換，脊椎動物の誕生と哺乳類の多様化と繁栄という出来事を経て現在に至っている．生物は変異，遺伝，自然選択によって進化してきたが，それはヒトにおいても例外ではない．

13･1 生物の出現

13･1･1 自然発生説の否定

中世まではウナギは泥から，ハエは腐ったスープから生まれるなど，生物は自然に生まれるものと思われていた．**パスツール**(L. Pasteur)はガラスのフラスコに入れた肉汁を煮沸し，フラスコの首を細く伸ばして（「白鳥の首フラスコ」といわれる）そのまま何日も置いたが，肉汁が腐ることはなかった．フラスコ内部の空気は外とつながっているが，細管部分の内部にはわずかな水滴が付いているため，大気中の微粒子はフラスコ口付近の細管内部に付いて，肉汁まで届かない．腐敗は空中の落下細菌が増殖して起こることが証明され，生物が自然に生まれるという**自然発生説**(spontaneous generation)は完全に否定された（図 13･1）．

13･1･2 生命はいかに生まれたか

太古の地球は高温，高圧で，塩類，アンモニア，二酸化炭素などの簡単な炭素化合物しかなかった．**ミラー**(S. Miller)は，このような擬似大気に放電エネルギーを与えるとアミノ酸などの有機物が合成されることを示した．アミノ酸や糖などがさらに複雑な化合物（例：ペプチドやヌクレオチド）に組み立てられる**化学進化**(chemical evolution)が起こったと考えられる．生命は代謝反応の場である細胞と，増殖・遺伝で特徴づけられるが，その起源に関しては諸説ある．ゼラチンゴム

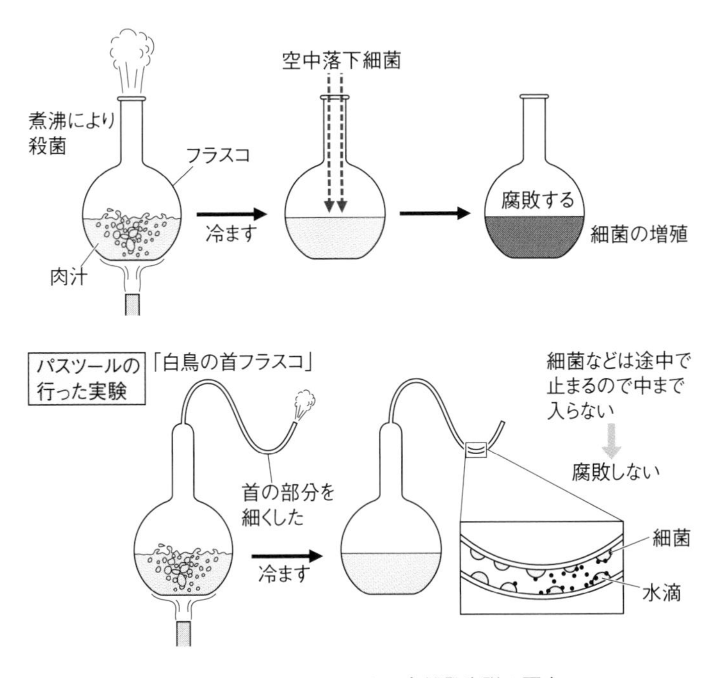

図 13·1　パスツールによる自然発生説の否定

のような有機物の懸濁液からできる**コアセルベート**(coacervate)という液滴は多数集合して「生長」するが，化学進化で生成した有機物を含むコアセルベートが細胞の原型であるというコアセルベート説が**オパーリン**(A. Oparin)によって提唱された．このほかにも様々な仮説（例：ミクロスフェア説，マリグラヌール説）が出されているが，いずれの説も決定的なものとはなっていない．

13·1·3　はじめに起こった生命の進化

a. 栄養性の変化と酸素の生産：**原始生物**(archaeorganism)は栄養を外から吸収する従属栄養だったが，やがて独立栄養生物が出現した（例：化学合成細菌，光合成細菌）．二酸化炭素が増えると，それを材料に光合成を行って酸素を放出するランソウが出現して酸素が増え，植物が出現すると酸素濃度が現在の水準にまで高まった．**独立栄養生物**(autotroph)の後を追うように**従属栄養生物**(heterotroph)も増え始めた．

b. 細胞と共生：多様な生物の進化には，多様な共生によるゲノム

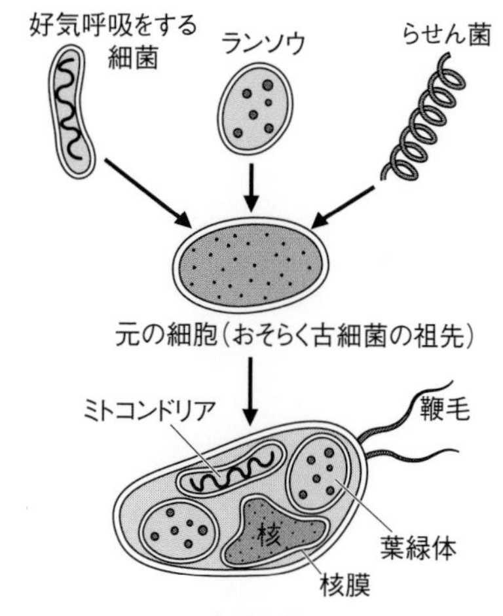

図 13·2　細胞内共生による細胞の進化

交換が行われたと考えられる（**ゲノムの水平伝播** horizontal transmission of genome）．古細菌（1 章）の祖先にあたる細胞に好気呼吸細菌が共生してミトコンドリアになり，さらにランソウが共生して植物の葉緑体になり，らせん細菌は鞭毛になったのではないかと想像されている（＝**細胞内共生説** endosymbiotic theory．1 章）．

c. 遺伝物質：生物の最初の遺伝物質は，RNA が酵素活性をもつなどの理由により，おそらく RNA が使われ（**RNA ワールド仮説** RNA world hypothesis．2 章），この RNA ワールドはゲノムの役割を DNA に託し，DNA ワールドに移行したと推測される．

13·2　地質時代の生物

13·2·1　先カンブリア時代

46 億年前に地球が誕生し，40 億年前に海ができ，やがて生命が誕生した（表 13·1）．今から 6 億年前までを**先カンブリア時代** Precambrian age といい，まず 35 億年前に細菌，27 億年前にランソウ，20 億年前には真核生物が出現し，6 億年前にはクラゲなどの多細胞生物も出現した．この時代は低温期で，生物種も少なく，酸素もほとんどなかった．

13·2·2　古 生 代

古生代 Paleozoic (era) のうち 5.4 億年前から 4.2 億年前までを古生代前期といい，**カンブリア紀** Cambrian period から始まる．温暖な気候のため多数の無脊椎動物が一気に出現し（**カンブリア大爆発** Cambrian big bang といわれる），現存無脊椎動物の大部分が現れた．**三葉虫** trilobite はこの頃の代表的動物である．古生代後期はデボン紀，石炭紀，ペルム紀と続くが，脊椎動物として魚類が繁栄し，ついで両生類が現れた．シダ類など，維管束をもって水分を吸収・運搬できる植物が地上に増え，ついで裸子植物が出現した．光合成によって酸素が増えたため大気圏に**オゾン層**(ozone layer)が形成され，有害な紫外線が減少したので動物は陸に上がることができた．は虫類が出現したのもこの頃である．石炭紀は高温多湿な気候に覆われ巨大シダ類が地球を覆っていたが，古生代後期になると気候が寒冷化に向かい，造山運動が起こって地球環境が大きく変化し，シダ植物は衰退した．

13·2·3　中 生 代

2 億 5000 万年前から 7000 万年前までは古い順から三畳紀，ジュラ紀，白亜紀と続く**中生代**(Mesozoic (era))である.落ちついた温暖な気候が続いたが,後になるに従って寒冷化に向い，終盤には造山運動が盛んになった．裸子植物が栄え，また被子植物も出現した．動物では は虫類が増え，ジュラ紀から白亜紀にかけては大型のは虫類，いわゆる**恐竜**(dinosaur)が全盛を誇った．ジュラ紀には は虫類から鳥類が出現した．は虫類の中には再び水中生活をするもの，翼をもって空を飛ぶものも出現した．しかし**アンモナイト**(ammonite)や恐竜は中生代の終わり，6700 万年前に突然姿を消してしまった．

13·2·4　新 生 代

7000 万年前から現在までを**新生代**(C(a)enozoic (era))といい，100 万年前を境に前半を第三紀，後半を第四紀という．第三紀になると気候は温暖化に転じ，被子植物が栄えるが，木本植物は減少し，代わりに草本植物が繁栄してきた．動物では，中生代には恐竜の陰に隠れて暮らしていた哺乳類が急速に繁栄し，多様化や大型化を経てより行動的になって地球上に広がった．第四紀には 4 回の**氷（河）期**(glacial age)があり，最後の氷河期が終わった 2 万 5000 万年前，現在のような気候環境になった．氷河期を境に**マンモス**(mammoth)など多くの種が絶滅して動物の種類が大きく変わり，現在のような生態系になった．人類の祖先は氷河期を乗

解 説

適応放散

適応放散(adaptive radiation)とは，哺乳類が多くの種，属，科などに分かれるといったように（例:オーストラリアの有袋類），生物が多様な環境に適応して様々な方向に進化する現象．比較的小規模な進化を説明できる．

り切り，現在は地球全域に進出している．第四紀は人類の時代ということができる．

表 13·1　地質時代の生物の変遷

代	紀	生物界のできごと	地球環境	時期
新生代	第四紀	新人の出現（3 万年前） 草本植物の増加	気候帯の形成 氷河期	100 万年前
新生代	第三紀	哺乳類の多様化 被子植物の繁栄	気候の寒冷化 温暖な気候	7000 万年前
中生代	白亜紀	恐竜・アンモナイトの繁栄と絶滅（6700 万年前） 被子植物の出現と多様化	造山運動 しだいに寒冷化	1.5 億年前
中生代	ジュラ紀	恐竜・アンモナイトの繁栄 鳥類（始祖鳥）の出現 裸子植物の林	やや寒冷な気候	2.0 億年前
中生代	三畳紀	は虫類の繁栄・哺乳類の出現 針葉樹の増加	高温で乾燥した気候	2.5 億年前
古生代（古生代後期）	ペルム紀	三葉虫の絶滅 シダ植物の衰退	気候の激変 氷河の発達	3.0 億年前
古生代（古生代後期）	石炭紀	両生類の繁栄・は虫類の出現 巨大なシダ植物の繁栄	造山運動 高温・多湿	3.6 億年前
古生代（古生代後期）	デボン紀	魚類・腕足類の繁栄 両生類の出現 シダ植物の林，裸子植物の出現	寒冷化 温暖な気候 造山運動	4.2 億年前
古生代（古生代前期）	シルル紀	サンゴの繁栄，貝類の発達 三葉虫の衰退 最初の陸上動物	温暖な気候	4.4 億年前
古生代（古生代前期）	オルドビス紀	三葉虫の繁栄 魚類の出現 藻類の繁栄	温暖な気候	4.9 億年前
古生代（古生代前期）	カンブリア紀	三葉虫・腕足類の出現 細菌・藻類・菌類	温暖化	5.4 億年前
先カンブリア時代		簡単な海の生物（10 億年前） 真核生物の出現（20 億年前） 生命誕生（35 億年前） 地球の誕生（46 億年前）	寒冷な気候	

13·3　生物の進化

13·3·1　進化と系統

生態系は動的なため，生物は速度の差こそあれ，適応度を上げるために世代を経るに従ってその形質を変化させ，それが遺伝により伝達されていく．これを**進化**（evolution）という．進化には「科」レベル以上の分岐やシダ植物から種子植物が出現するといった長い時間をかけて起こる**大進化**（macroevolution）から，ある種から新しい種が派生するといった比較的短時間で起こる**小進化**（microevolution）まで様々なレベルがある．新たな種が出現する現象を**種分化**（speciation）といい，先祖−子孫の関係を**系統**（phylogeny）という．進化という用語は必ずしも高度化や複雑化ばかりを意味せず，中には捨て去る進化「**退行進化**（regressive evolution）」もある（例：通常の細菌から生まれたリケッチア［例：発疹チフス病原体］）．進化の結果器官が退縮し，**痕跡器官**（vestigial organ）として残っているものもある（例：クジラ類の後足，ヒトの虫垂）．

13·3·2　進化の証拠：化石

化石（fossil）は進化の証拠である．化石は生物やその痕跡が地層中に残されたものであり，それを含む地層の解析から化石生物の棲んでいた年代や環境を知ることができる．第三紀の地層から発見されたウマの祖先の化石から，ウマの体長は最初はイヌくらいしかなく，複数の指をもっていたヒラコテリウム，メソヒップスからメリキップス，プリオヒップスを経て現在のウマに近いエクウスとなり，それに従って大型化と指の数の減少が起こったことが明らかになっている．は虫類から鳥類への移行も**始祖鳥**（*Archaeopteryx*）の化石によって確認された．化石生物のほとんどはすでに絶滅したが，まれに生き残ったものは（例：イチョウ，カブトガニ，シーラカンス）**生きた化石**（living fossil）といわれる．

13·3·3　多様性が生まれる条件

生物の特徴は多様性にあるが，それを生み出す源はゲノム（2，5 章参照）にある．ゲノム中の遺伝子（あるいは非遺伝子部分も含め）の塩基配列が変化し，さらにその変異が配偶子を介して子孫に伝達されることが**変異個体**（mutant）が誕生する必須条件である（注：体の一部が変異する体細胞変異は遺伝しない

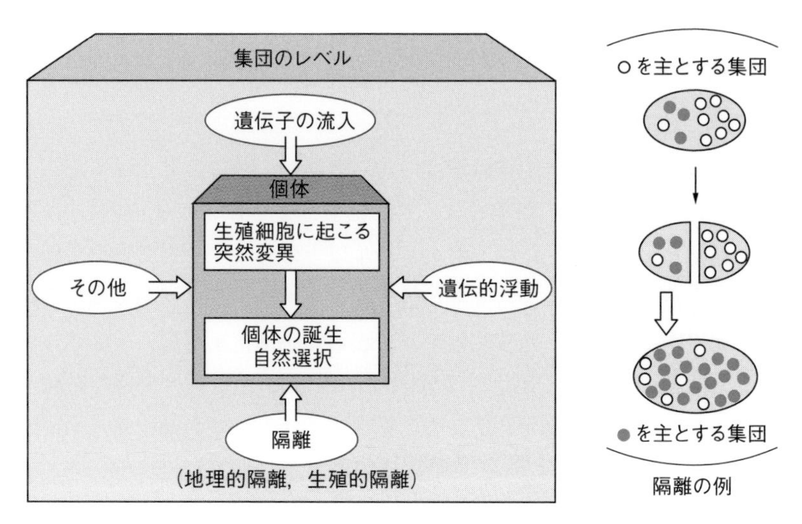

図 13·3　多様性生成にかかわる要因

ことに注意）．変異と遺伝に加え，多様性が現れる条件の一つに適応度，すなわち生まれる子の数の上昇（12 章参照）がある．遺伝した変異形質が個体の繁殖にとって有利（少なくとも不利にではなく）に働けば働くほど，適応度が増し，変異が子孫に引き継がれやすくなる．適応度の高いものが結果的に生態系により多く残ることを**自然選択**（natural selection）といい，生態系の中で適応度の低い種が劣勢になる現象を**淘汰**（selection）という．

13·3·4　隔離と遺伝的浮動

多様性を上げる要因の一つに**隔離**（isolation）がある．島に変異個体が生まれ，近親交配を含めた交配が起こる場合，島の個体数がある程度少ない方が変異形質が定着しやすくなる．このような**地理的隔離**（geographic isolation）や**生殖的隔離**（reproductive isolation）（交配できる対象が限定されること）などによって集団内である遺伝子の比率が上がることを遺伝子頻度が上がるという．疫病や天変地異による個体群の中の一部の集団の生き残りや，集団の一部の移住（例：少数のシカが島に泳ぎ着き，そこで繁殖する）によっても遺伝子頻度が変化するが，このように遺伝子頻度が偶然に支配される状態を**遺伝的浮動**（genetic drift）という．

13·3·5 進化の理論

ラマルク(J.-B. de Monet Lamarck)は19世紀の初頭,「生物には進化しようとする力があり,それにより必要とされる部分が発達し,不要な部分が退化し(**用不用説**(use and disuse theory)),個体の得た形質が子に遺伝する(**獲得形質の遺伝**(inheritance of acquired characteristics))」と言った.重要な示唆もあるが,獲得形質が遺伝しないことは明らかであった.**ダーウィン**(C. Darwin)は,ガラパゴス諸島のゾウガメやフィンチ(鳥の一種)の形態や生態が,島特有の餌の種類や生態系に応じて島ごとに異なることを発見し(例:硬い木の実がなる島のフィンチのクチバシは太い),生物は多様な方向に変異するが,環境に適応した種が生存に有利になり,自然選択を受けて増え,それ以外の種は淘汰されるという「**適者生存**(survival of fittest)」の概念を主張した.**ド・フリース**(H. De Vries)はオオマツヨイグサの変異を実際に目撃し,「**(突然)変異説**(mutation theory)」を提唱した.現在はこのような説を合わせた「**進化の総合説(ネオダーウィニズム)**(neo-Darwinism)」が軸になっている(ただ反論もある).イギリスのオオシモフリエダシャクは白地に黒い斑点をもつ蛾だが,19世紀の工業化の後で黒ずんだ変異種が出始め,50年もたたないうちにほとんどが黒い種に置き換わった.ばい煙で黒ずんだ木の幹や壁に止まるとき,白より黒の方が鳥に捕食されにくく,適応度が上がったと考えられる(注:ばい煙が減ったら白い種が復活した).ただこれらの理論により小進化はうまく説明できても,器官構造が大きく変わるような大進化の説明は難しい.小進化の積み重ねが大進化になるのか,別の劇的な変化が必要なのかはまだよくわかっていない.最近の研究により,進化には遺伝子の水平伝播(ゲノム以外,ミトコンドリアやトランスポゾン[3章]のような感染性/転移性DNAの侵入)の関与も明らかになっている.

表13·2 提唱された進化の仮説

仮説(考え方)	提唱者	評価*
用不用説(獲得形質の遺伝)	ラマルク	×(?)
自然選択説(適者生存)	ダーウィン	○(?)
隔離説(隔離が進化を進める)	ワーグナー	○
定向進化説(生物は決まった方向に進化する)	アイマー	×
(突然)変異説(変異が進化の源)	ド・フリース	○
中立説(中立的遺伝子の変異が重要)	木村資生(もとお)	○

*○/×:現在の判断.(?):評価に対する疑義も少なくない.

13・4 系統学

13・4・1 生物種を系統づける

生物系統を明らかにする学問を**系統学** phylogenetics という．本来関連のない生物でも同じ生活様式をとると形態的に似てくるという事実（注：これを**収斂**（しゅうれん）convergence という）から，系統を形態だけから論ずることは適切ではない．このため近年はゲノムの塩基配列やタンパク質のアミノ酸配列の相同性を元にした**分子系統学** molecular phylogenetics が中心になっている．この方法は変異の量と程度（例：変異アミノ酸／塩基の類似性．点変異や挿入／欠失．アイソザイムなど）を数値化しやすいという利点がある．系統関係の解析に用いる遺伝子は，大進化を対象にするのであればタンパク質をコードする遺伝子でも問題ないが，小進化の場合は適度に変異しやすい部分を使う必要があり，通常はゲノム中の非コード領域や，反復配列の一種である**マイクロサテライト DNA** microsatellite DNA などを使う．

Column

分子進化と中立説

中立説 neutral theory とは，進化は生存に有利でも不利でもない DNA 領域に起こる変異が元になっているというものである．生存にかかわらないので自然選択を受けずに集団に広がりやすい．このような中立的変異の固定が次世代の進化の原動力となるという仮説から分子系統学が発展した．

13・4・2 系統樹とその見方

調べようとする種の系統関係を分岐した線で表したものを**系統樹** phylogenetic tree という．系統樹は祖先から伸びた枝が分岐するように描かれ，枝の長さに分岐してからの時間情報も盛り込むことができる．近年，系統樹作成には上述の分子データが使われることが多い．分子の変異の度合いは**分子時計** molecular clock という概念に置き換えることができるが，これは変異速度を一定とみなし，変異が多いほどより以前に分岐したと仮定する．系統樹作成のための計算方法にはいろいろなものがある．その一つ最節約法は，最終的に系統樹作成に必要な塩基置換の総数が最少で済むような計算を行う．図 13・4 のように，X を元に D と C–B–A の共通祖先が分かれ，次に C と A–B の共通祖先が，さらに

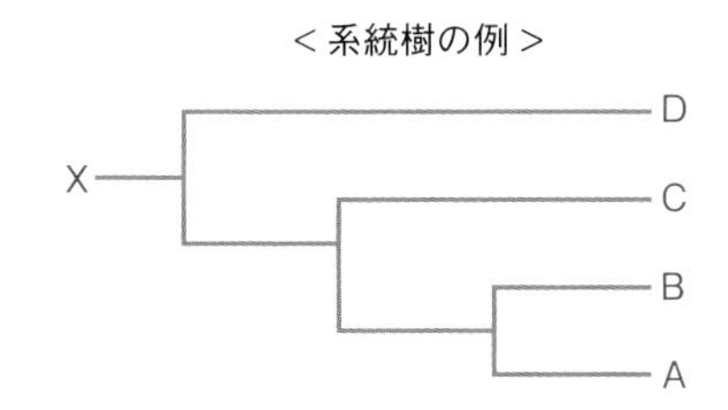

< 用語 >

単系統群：ある共通祖先から生じたすべての子孫（例：AとB，AとBとC．BとCは単系統ではない）

姉妹群：最も近縁にある分類群（例：AとB．A&BとC．A&B&CとD）

解釈：未知の祖先XからDとC,B,Aの祖先が分かれ，Cの祖先からB,A共通の祖先が分かれ，最も最近，AとBが分かれた．

図 13･4　系統樹

BとAが分かれるという系統樹の場合，AとB，あるいは（A，B）とCの関係を**姉妹群**(sister group)という．ある共通祖先から生じたすべての子孫を含む分類群を**単系統群**(monophyletic group)という．図 13•4 の場合，A–B，あるいは A–B–C をまとめた分類群は単系統だが，B–C–D や B–D をまとめた分類群は単系統ではない．

13･5　ヒトの起源

13･5･1　霊長類の系統

ヒト(*Homo sapiens*)は**霊長類**(primate)（霊長目，サル目）に属するが，巨大な脳と高度な知能をもつことが特徴である．霊長類は新生代第三紀の始めにモグラの祖先から進化し，キツネザルやメガネザルのような原猿類を経て真猿類に進化した（図 13•5）．真猿類は広鼻類（新世界ザル：クモザル，オマキザル）そして狭鼻類（旧世界ザル：ニホンザルなど通常のサル，ヒヒ）と進化し，さらにそこからヒトと**類人猿**(ape)を含むヒト上科が分岐した．ヒト上科はテナガザル科と**ヒト科**(Hominidae)に分かれ，後者はヒト亜科とオランウータン亜科となり，ヒト亜科が**ヒト属**(*Homo*)，チンパンジー属，ゴリラ属となった．分子系統学的研究により，ヒトはチンパンジーとの共通の祖先より分岐したことが示された．

13･5･2　化石人類から現生人類へ

最初の人類祖先の化石はすべてアフリカから発見されており，ヒトはアフリカで生まれたと考えられる．類人猿からのヒトの分岐は新生代第三期の末頃に起こったと推定され，古い順から**猿人**(Australopithecine)，**原人**(*Homo erectus*)，**旧人**(Paleanthropine)，**新人**(Neanthropine)と進化し

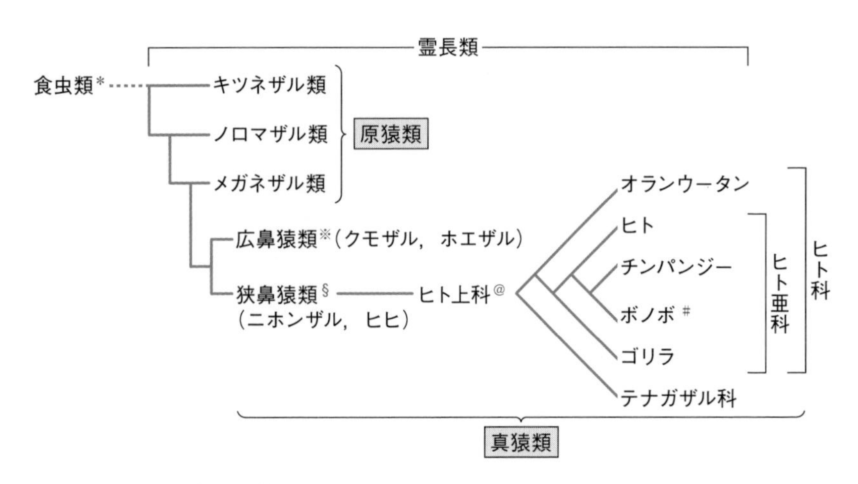

図 13·5 霊長類の系統
*：モグラの仲間，※：新世界ザル，§：旧世界ザル，#：ピグミーチンパンジー
@：ヒト上科でヒト以外のサルを類人猿という．

た．**アウストラロピテクス属**（猿人）は 480 ～ 100 万年前まで存在していた．サル的上半身をもつが，直立歩行をして簡単な石器を使っていた．200 万年前に現れた**ハビリス猿人**（ホモ・ハビリス）は人類直系の祖先と考えられる．150 万年前になると直立歩行に適した骨格をもつ**ホモ・エレクトス**，すなわち原人が現れた．外観はヒト的要素が強く，体格も大きい．手の込んだ石器や火を使っていた．ジャワ原人や北京原人もここに属し，20 万年前まで暮らしていたと考えられる．25 万年前になって出現した旧人**ネアンデルタール人**は大柄で，精巧な石器を使い寒冷な気候に適応して地球上に広がったが，3 万 5000 年前，温暖化とともに突然絶滅した（☞おそらく新人によって駆逐されたと推定されている）．これに代わり，3 万年前に現れたのが新人**クロマニヨン人**で，現代人類の直接の祖先となった．新人もアフリカで生まれ，地球各地に広がった（**ヒトのアフリカ起源説**）．現代人類は幾種ものヒト属の絶滅と発生の結果誕生したのである．ハビリス猿人から新人が生きた約 200 万年間を**旧石器時代**といい，その後の 5000 年間を**新石器時代**という．新石器時代でヒトは丁寧に磨かれた石器を使い，農業を始め，文化を育み，やがて高度な社会を作り上げた．

Australopithecus / *Homo habilis* / *Homo erectus* / Neanderthal man / Cro-Magnon man / out of Africa hypothesis for modern human origins / Pal(a)eolithic / Neolithic

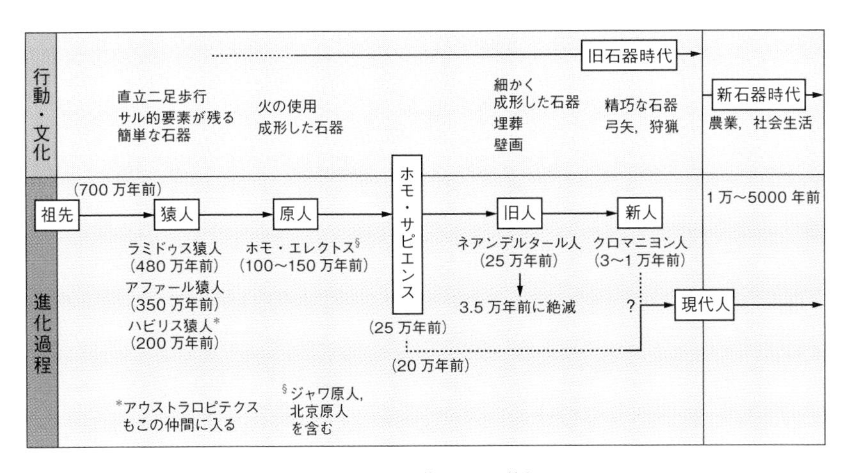

図 13·6　現代人への道程

解 説

人類の単一起源説

人類の起源には「単一の祖先から」と「世界中にいた祖先のそれぞれから」という両極の説がある．1987 年，アフリカの特定場所で発見された 16 万年前に存在していた一人の女性と世界の多くの民族のミトコンドリア DNA 構造の間に類似性があるという論文が発表され，人類のアフリカ起源説を支持するものとされた．ミトコンドリアは母系由来なので，新約聖書中の最初の女性「イブ」になぞらえ，この古代の女性は「**ミトコンドリアイブ**（mitochondrial Eve）」と命名された．研究結果は人類の祖先の一人がかつてアフリカに住んでいたことを示すものに過ぎないのだが，ネーミングがセンセーショナルだったこともあり，しばしば「ミトコンドリアイブが全人類の唯一人の祖先」と勘違いされる．

1. 生命のないところから生命が生まれるためには何が必要だろうか？
2. 太古の地球には酸素はなかったが，どうして酸素が今のように増えたのか．また，酸素が増えて地球環境や生態系が大きく変わった点をあげなさい．
3. ヒトとチンパンジーの遺伝子は非常に似ている．チンパンジーは長い時間をかければヒトのように進化するだろうか？　映画『サルの惑星』の可能性とともにこの問題を考えなさい．

1 2 3 4 5 6 7 8 9 10 11 12 13 14

14 バイオ技術

生物や生体分子を解析したり，それを応用に用いるバイオ技術には様々なものがある．組換え DNA や PCR は DNA そのものに関する技術であるが，遺伝子導入個体の作製やゲノム編集などは有用個体作出の目的でも広く利用されている．ヒトに関しても，遺伝子治療，再生医療，バイオ医薬など，多くの技術が進行中である．バイオ技術の中には環境やエネルギー問題の解決に役立つものも少なくない．

14･1　遺伝子を操作する

14･1･1　組換え DNA 技術

ゲノム中の特定の DNA を純粋かつ大量に得ることは以前はまったく不可能であったが，**制限酵素**（restriction enzyme）（次頁コラム参照）の発見で状況は一変した（例：構造の揃った DNA 断片が得られる）．しかも特定の制限酵素で切断した DNA は由来にかかわらず同じ一本鎖末端をもつので末端同士で水素結合させて（**アニール**（anneal）させて）つなげることができる．**組換え DNA**（recombinant DNA）を作製する場合，まず染色体 DNA などを制限酵素で切断して断片を得る．他方，自己複製するプラスミドやウイルス DNA などの**ベクター**（vector）（運び屋）DNA も同じ酵素で切断し，切れ目に上記断片を挿入して末端を水素結合させ，**連結酵素**（**DNA リガーゼ**（DNA ligase））で挿入 DNA とベクターを共有結合させて一つの分子にする．こうして作製した組換え DNA はベクターに対応した細胞で複製，増幅させることができ，さらに転写や翻訳の調節配列を組み込んでおくと挿入 DNA からの遺伝子発現が可能となり，たとえばヒトのタンパク質をヒト細胞のみならず，酵母や大腸菌を使ってつくらせることができる．遺伝子を対象とする技術には**逆転写酵素**（reverse transcriptase）で RNA から DNA をつくる技術，そして塩基配列解析技術（14･1･2 項参照）や PCR（14･1･3 項参照）などがある．以上のような技術を駆使して希望の DNA を作製する技術を**遺伝子工学**（genetic engineering）という．

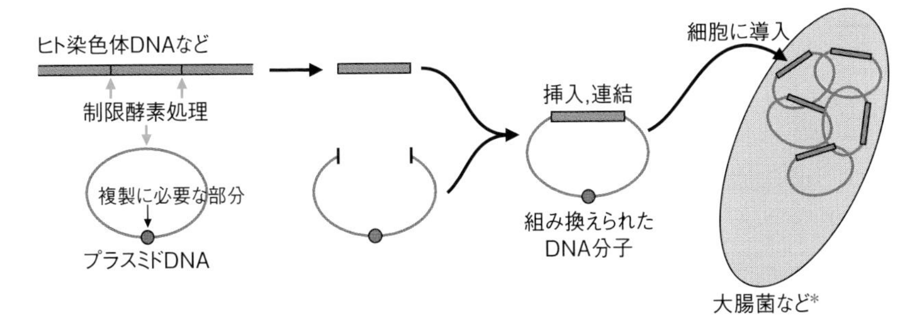

図 14·1 遺伝子組換えの原理
＊：大腸菌を大量に増やすことにより DNA も大量に増やせる

Column

制限酵素

細菌がバクテリオファージなどの侵入を防ぐ（制限する）ためにもつDNA 分解酵素を**制限酵素**という．多くの種類があり，4～8 塩基対の塩基配列を認識して決まった位置で切断する．図 14·2 に示すように多くの制限酵素は DNA 二本鎖を数塩基ずらして切断するため，同じ切断面（いわゆる糊(のり)しろ）をもつ DNA と容易に水素結合 / 塩基対結合させることができる．

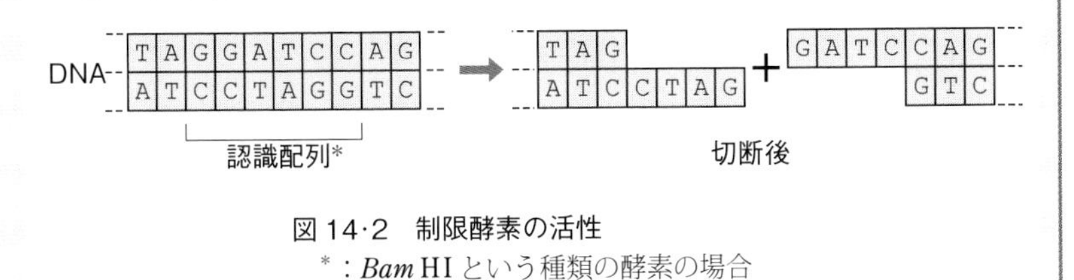

図 14·2 制限酵素の活性
＊：*Bam* HI という種類の酵素の場合

1 2 3 4 5 6 7 8 9 10 11 12 13 14

14·1·2 塩基配列の解析

DNA 塩基配列解析(DNA sequencing)はかつては DNA の化学分解による**マクサム・ギルバート法**(Maxam-Gilbert method)もあったが，**ジデオキシ法**(dideoxy method) [**サンガー法**(Sanger method)]（2′, 3′- ジデオキシリボヌクレオシド三リン酸を基質とし，DNA に取り込まれるが次の基質は取り込まれないという原理に基づく）が主流であった．1990 年頃になるとサンガー法の反応試料を自動読み取りする機器：**DNA シーケンサー**(DNA sequencer)が登場し，現在でも小規模解析ではよく使われる．しかし，ヒトゲノムなどの大規模解

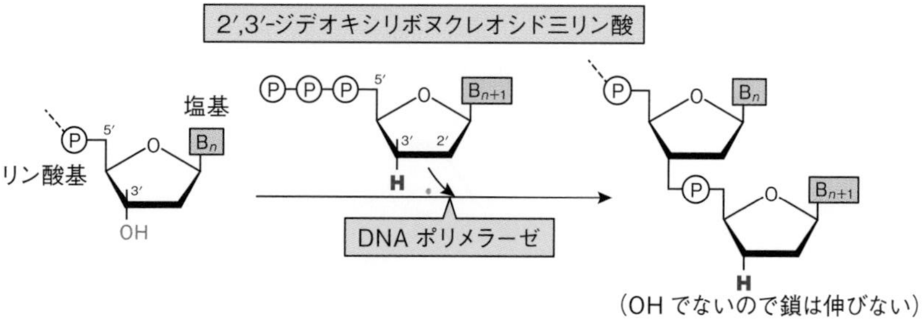

図 14·3　ジデオキシリボヌクレオチドによる鎖伸長停止

析のためには圧倒的能力の機器が必要となり，2005 年頃から新しい原理に基づく超高速シーケンサー（**次世代シーケンサー [NGS]**（next generation sequencer））が使われるようになった．現在主流の第 4 世代機器はほとんどの DNA 前処理が不要で，1 分子の DNA が微細な穴を通過するときの電流の変化を検知するいわゆる**ナノポアシーケンサー**（nanopore sequencer）で，1 回の読み取り塩基数が長いのが特徴である．

14·1·3　DNA を試験管で増やす：PCR

組換え DNA 技術は煩雑で時間もかかり，生物を使うので法律（「遺伝子組換え生物等の使用等の規制による生物多様性確保に関する法律」☞**カルタヘナ法**（Cartagena law））の規制を受ける．試験管反応だけで DNA を大量に増やすことができる **PCR**（**ポリメラーゼ連鎖反応**（polymerase chain reaction））にはそのような規制がなく，どこででも実施できる．反応は DNA の任意の場所に相当する 1 組の一本鎖 DNA プライマーと**耐熱性ポリメラーゼ**（thermostable polymerase）と基質を加え，温度を高温→低温→中温→高温→・・・と周期的に変えるだけである．DNA は高温で一本鎖に変性し，低温でプライマーが DNA にアニール（41 頁参照）し，中温で DNA 合成反

解 説　**種多様性の保全とカルタヘナ議定書**

種多様性の保全を目指す国際的取り組みの中で**カルタヘナ議定書**（Cartagena Protocol on Biosafety）が採択され，各国はこれに基づいて法整備を行った（例：日本のいわゆるカルタヘナ法）．遺伝子組換え技術や細胞融合技術による生物の作製と移動が制限され，実施には関連機関による認可や確認が必要である．

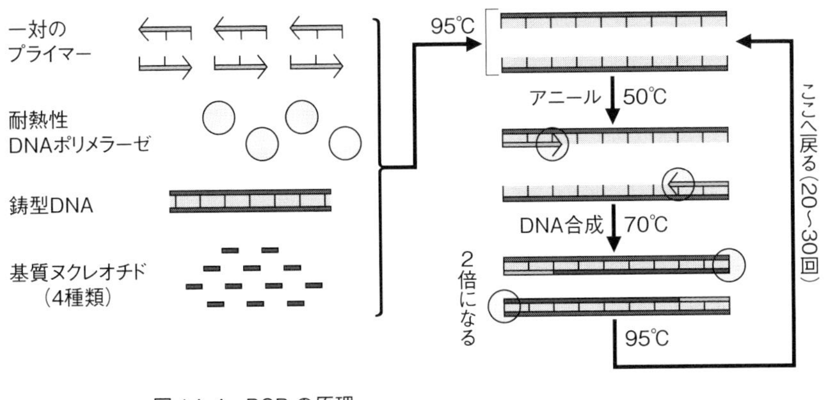

図 14·4 PCR の原理
PCR：polymerase chain reaction（ポリメラーゼ連鎖反応）

応が進む．この操作により 1 分子の DNA が数時間で百万分子以上に増え，通常の DNA 操作や検出が可能になる．**病原体検出**（detection of pathogen）や生物種の同定，病気の診断（**DNA 診断**（DNA diagnosis）），**DNA 指紋**（DNA fingerprint）として**親子鑑定**（parentage test）や犯罪捜査などに応用される．通常の PCR のほか，RNA を逆転写酵素で DNA にしてから行う **RT-PCR**（reverse transcription PCR），定量性に着目する**定量 PCR**（quantitative PCR）（例：**リアルタイム PCR**（real time PCR）），微液滴中の 1 分子 DNA の PCR から絶対濃度を求める**デジタル PCR**（digital PCR）などもある．

14·2 ゲノム遺伝子の抑圧，破壊，改変

14·2·1 遺伝子発現の抑制

細胞の特定遺伝子を抑えるにはいくつかの方法がある．一つは mRNA と相補的な配列をもつ RNA を細胞に導入する**アンチセンス RNA 法**（antisense RNA method）で，標的 mRNA を二本鎖とし，mRNA を分解したり翻訳を阻害したりする．その後，始めから二本鎖にした短い RNA（これを **siRNA**（small (short) interfering RNA）という）の方が標的 RNA が効率的に分解されることが明らかになったが，この方法を **RNA 干渉（RNAi）**（RNA interference）といい，遺伝子を抑圧する**遺伝子ノックダウン法**（gene knockdown method）として汎用される．以上とは別の原理による遺伝子抑圧法として，DNA 結合性転写因子の標的 DNA で遺伝子発現そのものを抑える**デコイ法**（decoy method），RNA 切断活性をもつ RNA：**ハンマーヘッド型リボザイム**（hammerhead ribozyme）を使う方法などがある．このような核酸は**核酸医薬**（nucleic acids therapeutics）（14·3·3 項参照）として使える可能性がある．

14·2·2 ジーンターゲティング

相同組換え(homologous recombination)で狙った遺伝子を正確に破壊する方法に**ジーンターゲティング**(gene targeting)（遺伝子標的法）がある．1989 年，この方法によって遺伝子を破壊された細胞から遺伝子破壊マウス（**ノックアウトマウス**(knock-out mouse)）がつくられたが，変異マウスの作製も可能で，ここから個体レベルの遺伝子機能解析が始まった．まず**胚性幹細胞**（**ES 細胞**）(embryonic stem cell)の一方のアリル（対立遺伝子）を壊し，そこから発生工学によって対象遺伝子に関して両アリルが破壊されたマウスをつくる．遺伝子が発生に必要な場合は胎生致死になって子が生まれないが，遺伝子破壊を特定の時期や細胞で起こす工夫（例：**Cre-*loxP* システム**(Cre-loxP system)）でこの問題を回避することができる．

14·2·3 遺伝子導入生物

体内の全細胞に同一様式で目的遺伝子が組み込まれたマウスをつくるためには受精卵に遺伝子 DNA（実際は mRNA を DNA に変換した **cDNA**(complementary DNA)）を注入し，様々な DNA 組込み様態の細胞からなる**キメラマウス**(chimeric mouse)を得る（☞受精卵や胚に手を加えて発生させる技術を**発生工学**(developmental engineering)という）．キメラマウスを親に子マウスを得るが，生殖細胞に目的 DNA があればヘテロ接合体の**遺伝子導入マウス**（**トランスジェニックマウス**）(transgenic mouse)の子が生まれ，それを元にさら

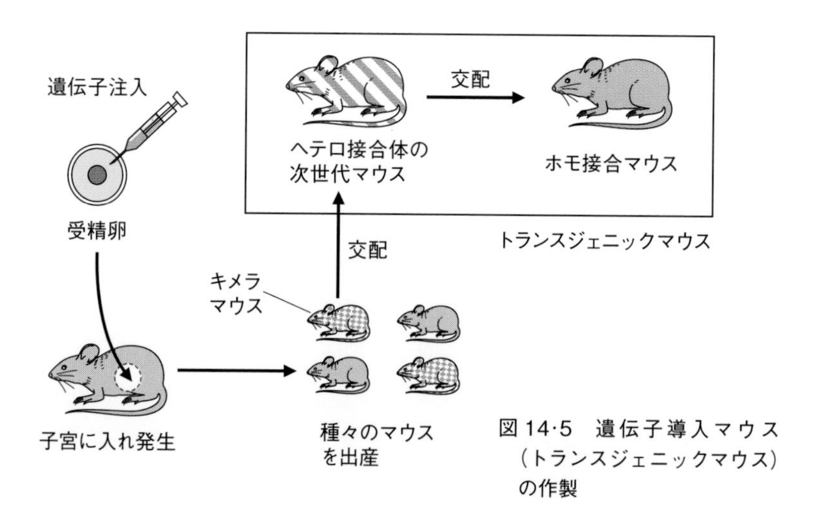

図 14·5 遺伝子導入マウス（トランスジェニックマウス）の作製

にホモ接合体のトランスジェニックマウスを得ることができる．植物の場合は分化全能性があるので，遺伝子導入した細胞から直接個体を作製できる．品質，保存性，抵抗性，増殖性の向上を目的に上記のように作製された生物で食品になるものを**遺伝子組換え食品**（genetically modified food）（**GM 食品**）という．

14·2·4　ゲノム編集

細胞中のゲノム DNA を狙った部位で切断し，DNA の修復や組換えといった細胞の生理機能を利用してゲノム遺伝子 /DNA 構造を変化させる技術を**ゲノム編集**（genome editing）という．この方法の鍵は特定部位での DNA 切断で，いくつかの方法がある．初期には塩基配列特性（注：配列はある程度限定される）をもつ DNA 結合タンパク質に制限酵素 ***Fok*** I の DNA 切断領域を融合させたものを使う ZFN 法や TALEN 法などがあったが，現在主流となっているのは細菌の免疫システムである **CRISPR/Cas9 システム**を利用した**クリスパー / キャス 9（ナイン）法**である．**シングルガイド RNA**（single-guide RNA）（**sgRNA**）（標的ゲノム配列を含む任意の配列と **PAM 配列**（PAM (protospacer adjacent motif) sequence）[5′-NGG] とヘアピン構造をもつ）と二本鎖切断活性をもつ **Cas9** を細胞で同時に発現させると，sgRNA が結合した PAM 配

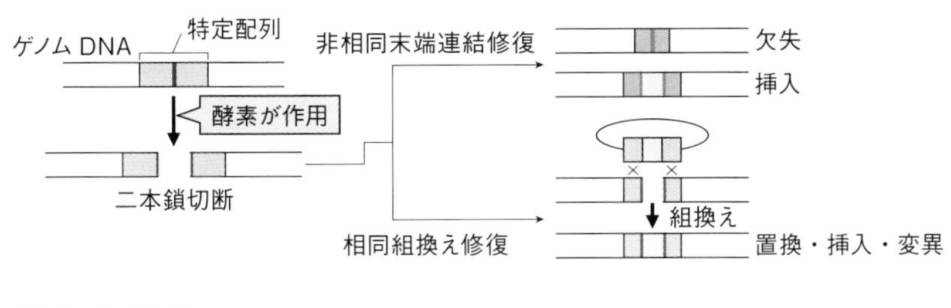

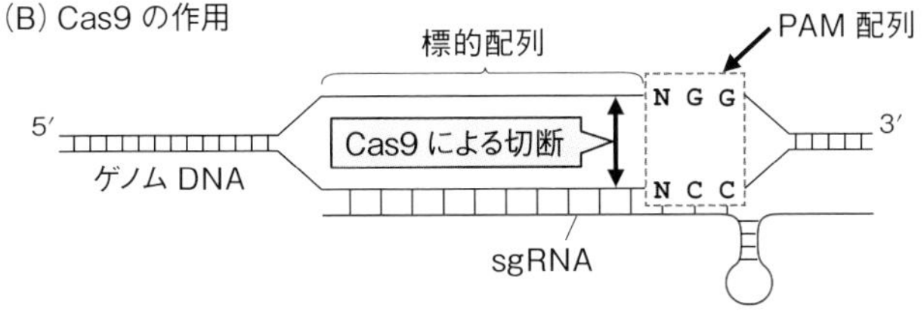

図 14·6　ゲノム編集の実施：原理と Cas9 の作用

1 2 3 4 5 6 7 8 9 10 11 12 13 14

列近傍の DNA が Cas9 で切断される．この方法は細胞に 2 種類のプラスミドを導入するだけでゲノムの任意部位を簡単に変異させることができ，現在広く使われている．植物を含むほとんどすべての生物で，受精卵や iPS 細胞を含む多様な細胞に使え，個体をつくることもでき，作製に要する時間は遺伝子標的法に比べて格段に短い．二本鎖 DNA 切断後の連結時に欠失や付加が頻発するので遺伝子が壊れるが，二本鎖 DNA やオリゴ DNA を共存させると DNA の付加や置換もできる．異種 DNA が組み込まれなければカルタヘナ法の対象にはならないので，ゲノム編集は遺伝子組換えに代わる**育種法** (breeding method) として応用され始めている（例：GABA を多く含むトマト）．

14·3　ヒトへの応用と創薬

14·3·1　万能細胞と再生医療

様々な組織の細胞に分化できる**多能性幹細胞** (pluripotent stem cell) は一般に**万能細胞**とよばれる（7·4·2 項参照）．哺乳動物の多能性幹細胞は古典的には胞胚の細胞を培養化した **ES 細胞**があったが，その後体細胞を元にした **iPS 細胞** (induced pluripotent stem cell) や**ミューズ細胞** (multilineage-differentiating stress enduring cell (Muse cell)) がつくられた．iPS 細胞（**人工多能性幹細胞**）は未分化状態維持と増殖促進に関する 4 種類の遺伝子（**山中 4 因子** (Yamanaka 4-factors)）を導入・発現させて未分化状態に（**初期化** (reprogramming)）したものである．希望の方向に分化させた多能性幹細胞は失われた組織を再構築する**再生医療** (regenerative medicine) の材料になり，すでに iPS 細胞由来の網膜色素上皮細胞，神経細胞，心筋細胞などで臨床研究が進んでいる．ES 細胞は当初は倫理問題（ヒトの萌芽である受精卵を使用する）や**拒絶反応** (rejection reaction)（免疫による異種細胞の排除．細胞の供給者**ドナー** (donor) と受容者

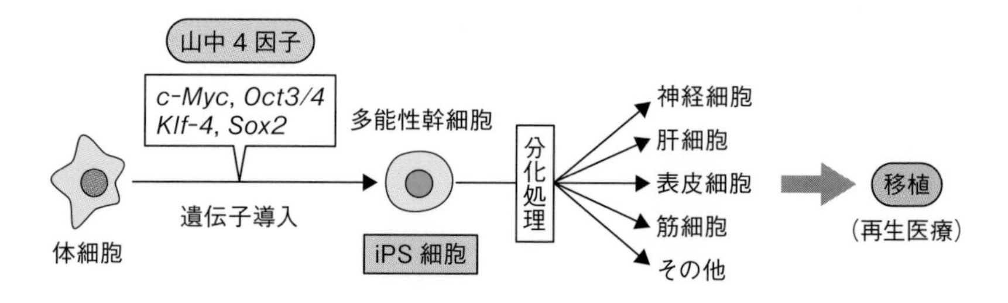

図 14·7　iPS 細胞の作製と利用

レシピエント recipient が一致しないために起こる）の回避という観点から自己の細胞を使う iPS 細胞などがつくられた．以上のような方法では分化させた細胞の品質，癌化，細胞作製に用いた遺伝子の副次効果に留意する必要がある．ただいずれの方法も作製には膨大な労力を要するので，最近は前もって種々の **HLA 型** HLA (human leukocyte antigen) type（移植適合を決定する抗原性）の未分化細胞を用意し，最適なものを使って分化させるという現実的対応がとられる．ある程度の HLA 不適合であれば**免疫抑制剤** immunosuppressive agent で対処できる．

14･3･2　遺伝子療法

遺伝子など，生物活性のある核酸を使って行う医療を**遺伝子療法** gene therapy（遺伝子治療）という．ヒトの生殖細胞や胚に遺伝子を入れることは許されていないので，通常は患者の体細胞組織に対象になる遺伝子や生物活性をもつ核酸を導入する．取り出したリンパ球に遺伝子を導入した後で体内に戻したり，血管系を経由して導入したり，ウイルスベクターを介して導入したり，組織に直接注入するなどの方法がある．対象になる疾患には癌や免疫関連疾患が多いが，癌の場合は変異した癌抑制遺伝子に代わる正常な癌抑制遺伝子（例：p53）がよく使われる．近年急速に実用化が広がっている核酸医薬や核酸を利用したワクチン（14･3･5 項），ウイルスの生物活性そのもの（例：細胞傷害効果）を利用する方法も，広い意味では遺伝子療法である．

14･3･3　核酸医薬

オリゴヌクレオチド合成が容易になったことや標的細胞への輸送法の開発をきっかけに，通常の核酸に加え，20 〜数十塩基長の DNA や RNA（**小分子核酸** small RNA），20 塩基以下の**オリゴヌクレオチド** oligonucleotide などを用いた**核酸医薬** nucleic acids therapeutics の開発が進んでいる．核酸には mRNA（☞ 翻訳の鋳型として細胞内でタンパク質を合成する），遺伝子発現の制御因子（例：siRNA，miRNA），リボザイム，結合因子 / アプタマーとしてなど多くの利用法があるが，他にも細胞の機能分子（例：受容体，転写制御因子）に結合する因子や，免疫賦活剤などとしての使い方がある．ワクチンとしての利用法は 14･3･5 項で説明する．核酸は生体や細胞内での安定性，標的到達性，副作用などの問題もあるが，迅速な構造変換や修飾（例：修飾ヌクレオチド，**モルフォリノオリゴ** morpholino oligo といった非天然成分核酸 / **ゼノ核酸** xeno nucleic acid，二本鎖 RNA といった非生理的構造の核酸），送達法の工夫などでこれらの課題に対処している．

14･3･4 抗体医薬と受動免疫

抗原と特異的に結合する**抗体** antibody は抗原を無力化 / 中和したり，貪食させたり，細胞を溶解したりする．抗体を外から入れて免疫を得る**受動免疫** passive immunity という方法があるが，最も古典的な方法は**抗血清** antiserum（免疫をもつ動物の血清．例：毒ヘビに噛まれた場合，毒を注射して抗体ができたウマの血清）の接種で，血清中のγ（ガンマ）グロブリンを精製して使う方法もある．受動免疫療法の発展は目覚ましく，多くの**抗体医薬** antibody therapeutics が使われているが，きっかけは細胞工学で作製したマウスの B 細胞と骨髄種細胞が融合した**ハイブリドーマ** hybridoma で単一分子抗体（**モノクローナル抗体** monoclonal antibody）を大量につくれるようになったことで，それを使って癌や難病（例：リウマチなどの自己免疫病）の細胞表面に発現する抗原タンパク質を標的に，狙った細胞のみを攻撃できるようになった（細胞内の標

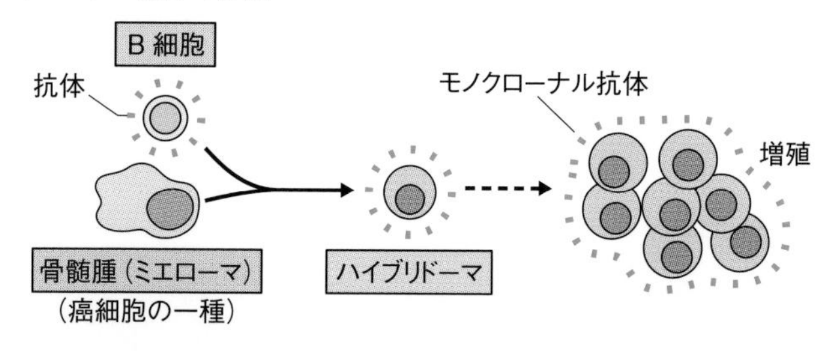

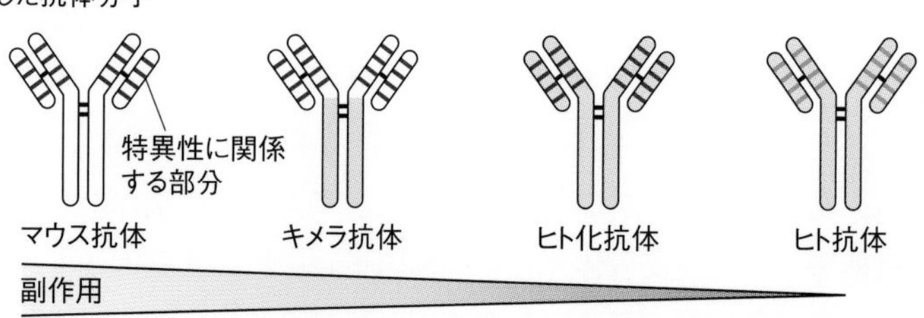

図 14･8 抗体医薬の作製

的の攻撃にはもっと小さな物質が必要）．その意味で抗体医薬は**分子標的薬**（molecularly targeted agent）の一つである．マウス抗体による副作用の軽減のため，タンパク質工学によってマウス抗体の大部分をヒト型に変えたヒト化抗体やヒト抗体もつくられている．今では抗体タンパク質をファージのタンパク質としてつくらせたり，特定リンパ球内の遺伝子を加工してつくることもできる．本庶 佑博士のノーベル賞の対象になった**オプジーボ**は免疫の司令塔のT細胞がもつ免疫抑制分子のPD-1を抑える特異な作用をもつ．狙った細胞にだけ薬効物質を送達する**ミサイル療法**（missile therapy）の一つとして，抗体に結合させた潜在細胞攻撃能のある分子を遠赤外光で活性化させて癌細胞を殺す**光免疫療法**（photoimmunotherapy）が注目されている．

14·3·5　ワクチン

有効な治療法のない**感染症**（infectious disease）（とりわけウイルス感染症）では，体内に中和抗体や免疫担当細胞を生成させる**ワクチン**（vaccine）（予防接種）は最も有効な予防法である．ワクチンには抗原に生きた弱毒病原体を使う**生ワクチン**（live vaccine），殺した病原体を丸ごと使う**不活化ワクチン**（inactivated vaccine），不活化した毒素を使う**トキソイド**（toxoid），病原体成分の一部を精製あるいは遺伝子組換え技術で生産して使う**成分ワクチン**（component vaccine）がある．生ワクチンは一定期間病原体が増殖し続けるので得られる免疫は長く強いが，それ以外のものは一般に弱く短い（数か月程度）．免疫記憶に基づくより強い免疫を得るため複数回接種することが多い．2020年から世界的大流行（**パンデミック**（pandemic））を起こした**新型コロナウイルス**（novel coronavirus）（SARS-CoV-2）による**Covid-19**（新型コロナウイルス感染症）のワクチン開発を機に，最新バイオ技術を用いた以下のようなワクチンが登場した．**ベクターワクチン**（ウイルスベクターのゲノムにウイルス遺伝子RNAを元に合成したDNAを組み込んだもの）はベクターが存続する間は細胞内で抗原がつくり続けられる．遺伝子DNAがゲノムに安全に組み込まれれば生ワクチン相当の効果が期待できる．**mRNAワクチン**はウイルス遺伝子をmRNAとして適当な方法で細胞に導入し，翻訳の鋳型として働かせる．mRNAの寿命が短いため，得られる免疫は不活化ワクチンに準ずると想定される（mRNAを細胞内で増やす**レプリコンワクチン**というものもある）．

1 2 3 4 5 6 7 8 9 10 11 12 13 14

14·4　バイオマスとバイオエタノール

死んだものも含めたその時点の生物量を**バイオマス** biomass といい，**生物資源量** mass of biological resource とほぼ同義である．生ゴミなどの廃棄バイオマスを細菌などで発酵させて肥料とする取り組みは資源の有効利用といえる．燃料に植物バイオマスを用いる**バイオマス燃料** biofuel（例：木材やおがくず）は，化石燃料と異なり二酸化炭素を実質的に増やさないので（これを**カーボンニュートラル** carbon neutral という．植物が成長する間にすでに二酸化炭素を吸収しているので，燃焼させてもその分の二酸化炭素が出るだけで，差し引きゼロになる），二酸化炭素の増加とそれに起因する地球温暖化防止（12 章）の切り札である**再生可能エネルギー** renewable energy の一つとして期待されている．**バイオエタノール** bioethanol はバイオマス燃料の別の形態である．バイオマスを糖に加水分解し，それを原料に酵母を加えて**アルコール発酵** alcohol fermentation を行い，蒸留して燃料となるエタノールを得る．

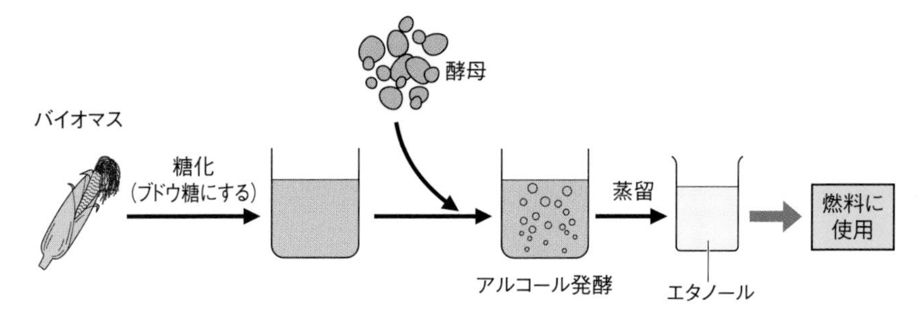

図 14·9　バイオエタノールの生産

1. 組換え DNA 技術も PCR もどちらも DNA を増やす技術だが，両者の違いは何か？
2. ヒトの普通の組織の細胞を脱分化させ，万能細胞の性質をもった細胞ができたというニュースが注目され，ノーベル賞の対象にもなっているのはなぜか？
3. RNA 医薬という言葉が最近使われている．RNA がなぜ薬になりえるのか？

演習のヒント

1章

1. まず種の定義を確認すること（1·1·1項参照）．身の回りの動物（イヌやネコ）や植物（果物）を見ると違いのあることがわかる．
2. 顕微鏡で核の有無を確認し，次に細胞内の分子の構造を調べて判断するが，既知のものであれば，DNA構造解析とデータベースから判断できる．

2章

1. 遺伝子の染色体上の存在様式を考えることがポイント（2·1·4項参照）．
2. 判断はその個体から子孫をつくることから始まる．突然変異であれば子孫に伝達する（注：劣性の場合はすぐには現れない）．
3. 種ができる場合には遺伝子の再編成が起こる（7章参照）．となれば，「別々の種から成長したそれぞれの個体の遺伝子構成は違うはず」と考える．

3章

1. 細胞膜の成分が水になじむものかどうかがポイント．
2. DNA（遺伝情報をもつ）から直接転写されてRNAが，さらにそこから直接翻訳されてタンパク質ができる．しかし高分子の糖（デンプンなど）は酵素（タンパク質）によって組み立てられた分子である．

4章

1. 「酵素は基本的に逆反応も促進する」と「反応の進む方向は変化した物質の量を元に戻す方向に進む」ということから考える．
2. ATP産生が無気呼吸（☞ 解糖系でエネルギーが取り出される）と好気呼吸（☞ 解糖系とそれ以外の代謝でエネルギーが取り出される）とではどちらが多いかを考えればよい．
3. 生体において，脂肪の合成が何を原料に行われるかを考える（4·3節と4·6節参照）．

5章

1. 5·1·1項をチェックするとともに，1章の表1·4を復習する．
2. DNAの半保存的複製においては，最初のDNAが子孫細胞にどう伝達されていくか？　やがて消えてしまうのだろうか？

6章

1. ヌクレオチドの構成成分を復習する（3·7·2項）．転写時，DNAはその部分のみが変性している（この構造がRNAポリメラーゼの働きに重要）．
2. まず表3·4から，各アミノ酸のコドンがいくつあるかをチェックする．その後その数値をかけ合わせることで組合せ数が算出できる．

7章

1. 減数分裂，配偶子の合体，あるいは遺伝子の交換があって個体が増える場合は有性生殖であり，それ以外は無性生殖である．7·1·2項参照．
2. 配偶子（精子や卵など）ができる時にはどのような細胞分裂形式をとるか？その時の核型は n（減る）か，あるいは $2n$（変わらない）か？
3. レチノイン酸はビタミンAからでき，転写因子である核内受容体と結合して遺伝子発現を制御し，主に発生や分化にかかわる遺伝子の発現を高める．

8章

1. 心臓に戻った血液が酸素を取り入れるためにまず肺に向かうことを考える．
2. 食べ物の主成分であるデンプン，脂肪，タンパク質は，細胞に直接入れるかどうかを確認する．さらに，新しく細胞や貯蔵物質をつくる場合，その素材は何かも考える．
3. 8·4節参照．

4. 「腸で吸収した栄養は，いったん ある臓器に直接運ばれて処理される」という事実を考える（8·2·4 項参照）.

9章
1. 脳の構造を復習し，生命維持に直結する機能（呼吸や心臓の働きなど）がどこで制御されているかをチェックする.
2. 考えるポイントの1点目は身体で合成されるか，あるいは栄養として摂取するものか，2点目はそれらの働き方，3点目はどの組織／細胞で効くかである.
3. 糖尿病の発症機構，あるいは生理状況を復習する（9·5·1 項参照）.

10章
1. 10·1·2 項，10·2·2 項を復習する.
2. 細菌は生物の基本的性質（1章）をすべてみたすが，寄生性（12章）がある．ウイルスに関しては 10·2·1 項を参照.
3. 10·3 節を復習する.

11章
1. 木（木本）の幹（茎）にも草本と同じく細胞分裂と物質運搬に必要な形成層がある．ここから考えてみる.
2. 付けた花粉が「異なる」遺伝型をもっていなければ，受粉しても実や種ができないという事実がポイント.
3. 葉緑体中の葉緑素（クロロフィル）が吸収して利用できる光の種類（波長：色）が何であるかを考える.

12章
1. まずシカやトラが何を食べるかを考え，その上で食糧と自身の生存状態（適応度）を考える．食べ物が減ると自身も増えることができなくなるということが考察のポイント.
2. 生態ピラミッドの構造（12·5·5 項）を復習する．上位の消費者を維持するにはその生産量以上の生産量をもつ下位の生物が必要であることを考える.
3. 「それら生物が育つときには CO_2 を吸収した」というカーボンニュートラルの概念を再確認する.

13章
1. 13·1·1 項と 13·1·2 項から考察する．有機物，細胞がどのようにできたかを推定する.
2. 光合成をして酸素を大量に出すものには原核生物のランソウと藻類，そして緑色植物がある．また，酸素は多くの生物に必須であり，生物に害となる紫外線を防ぐオゾンの材料となる.
3. 今生きているチンパンジーと地質時代にヒトの祖先が生まれたときにいたチンパンジーは同等かを考える．生物が変異し，それが安定に存続するには何が必要か？（その生物自身および生態系，両方の問題がある.）

14章
1. ベクターや生きた細胞が要るかどうか．PCR に必要なものは 14·1·3 項参照のこと.
2. ES 細胞では技術的，倫理的，法的問題があり，再生医療は簡単ではないが，この問題を大幅にクリアしたのが普通の細胞からつくった万能細胞：iPS 細胞である.
3. RNA は DNA よりは柔軟で反応性に富む分子で，しかも比較的簡単に人工合成できる．「タンパク質に似た側面があり，抗体のように物質と結合できる」ということから考えてみる.

参考書

<本書と同レベルのもの>

1.『基礎からスタート　大学の生物学』道上達男 著（裳華房）2019 年
2.『新しい教養のための生物学』赤坂甲治 著（裳華房）2017 年
3.『基礎生物学』鷲谷いづみ・高橋純夫 著（培風館）2016 年
4.『大学 1 年生のなっとく！生物学』田村隆明 著（講談社）2014 年
5.『基礎の生化学　第 3 版』猪飼　篤 著（東京化学同人）2021 年
6.『コア講義　分子生物学』田村隆明 著（裳華房）2007 年
7.『コア講義　分子遺伝学』田村隆明 著（裳華房）2014 年
8.『つなげてみたらスルスルわかる！生化学･生理学･解剖学』橋本さとみ 編（学研メディカル秀潤社）2020 年
9.『わかる！身につく！生物･生化学･分子生物学　第 2 版』田村隆明 著（南山堂）2018 年

<より詳しく学ぶために>

1.『生態学入門　第 2 版』日本生態学会 編（東京化学同人）2012 年
2.『理系総合のための生命科学　第 5 版』 東京大学生命科学教科書編集委員会 編（羊土社）2020 年
3.『基礎分子生物学　第 4 版』田村隆明・村松正実 著（東京化学同人）2016 年
4.『シンプル生化学　改訂第 7 版』林 典夫・廣野治子 他 編（南江堂）2020 年
5.『好きになる生物学　第 2 版』 田中越郎 著（講談社）2021 年
6.『分子生物学：ゲノミクスとプロテオミクス』田村隆明 監訳（東京化学同人）2018 年
7.『植物生理学』加藤美砂子 著（裳華房）2019 年
8.『基礎から学ぶ生物学・細胞生物学　第 4 版』和田　勝 著（羊土社）2020 年
9.『基礎分子遺伝学・ゲノム科学』 坂本順司 著（裳華房）2018 年
10.『キャンベル生物学　原書 11 版』池内昌彦・伊藤元己，他 監修・翻訳（丸善出版）2018 年
11.『細胞の分子生物学　第 6 版』中村桂子･松原謙一 監訳（ニュートンプレス）2018 年

索　引

う

え

お

か

こ

さ

し

も

や

ゆ

よ

ら

り

る, れ

ろ

わ

著者略歴

田村隆明（たむら たかあき）

1952年　秋田県に生まれる
1974年　北里大学衛生学部卒業
1976年　香川大学大学院農学研究科修士課程修了
1977年　慶應義塾大学医学部助手
1986年　岡崎国立共同研究機構基礎生物学研究所助手
1991年　埼玉医科大学助教授
1993年　千葉大学理学部教授
2017年　定年退官，医学博士

主な著書

『わかる！身につく！生物・生化学・分子生物学　改訂2版』（南山堂，2018，単著）
『基礎から学ぶ遺伝子工学　第2版』（羊土社，2017，単著）
『基礎分子生物学　第4版』（東京化学同人，2016，共著）
『医療・看護系のための生物学　改訂版』（裳華房，2016，単著）

コア講義　生物学（改訂版）

2008年 10月 20日　第1版1刷発行
2022年 3月 30日　第5版1刷発行
2022年 9月 1日　改訂第1版1刷発行

検印省略

定価はカバーに表示してあります．

著作者　田村隆明
発行者　吉野和浩
発行所　東京都千代田区四番町 8-1
電話　03-3262-9166（代）
郵便番号 102-0081
株式会社 裳華房
印刷所　株式会社 真興社
製本所　株式会社 松岳社

一般社団法人
自然科学書協会会員

ISBN 978-4-7853-5245-5